高职高专"十三五"规划教材
江苏省高校品牌专业"服装与服饰设计"系列教材

男装设计表达与实例

王兴伟 编著

NANZHUANG
SHEJI
BIAODA
YU
SHILI

化学工业出版社
·北京·

《男装设计表达与实例》分为上下两篇，上篇为创意男装系列设计，以创意为主线，介绍创意男装设计过程的系统化、步骤化。其中，项目一通过时尚调研、趋势预测、灵感来源与分析、创意男装故事板四个步骤叙述创意男装设计的基本系统和过程；项目二以2017年中国大学生时装周最佳男装奖作品实例来描述系列创意男装设计的整体过程；项目三以国际时尚顶级设计师的故事来启迪思维。下篇为男装成衣系列设计，以典型男装产品为研究对象，从趋势解读、流行分析、产品企划方案制作等方面，结合西装、夹克、大衣、裤装等典型男装类型，剖析男装成衣系列设计的过程。

本书适合服装与服饰设计专业、服装设计与工艺专业、纺织工程专业、服装陈列与展示设计专业、艺术设计专业以及一些轻工业专业的教学与学习，也供其他专业的学生选修或者自学参考，还可作为从事时尚设计、纺织工程等相关工作人员的借鉴学习。

图书在版编目（CIP）数据

男装设计表达与实例/王兴伟编著. —北京：化学工业出版社，2019.11（2025.2重印）
ISBN 978-7-122-35776-2

Ⅰ.①男… Ⅱ.①王… Ⅲ.①男服-服装设计
Ⅳ.①TS941.718

中国版本图书馆CIP数据核字（2019）第263629号

责任编辑：王　可　蔡洪伟　王　芳　　　　　　装帧设计：王晓宇
责任校对：王鹏飞

出版发行：化学工业出版社（北京市东城区青年湖南街13号　邮政编码100011）
印　　装：北京捷迅佳彩印刷有限公司
787mm×1092mm　1/16　印张9¼　字数207千字　2025年2月北京第1版第2次印刷

购书咨询：010-64518888　　　　　　　　　　　售后服务：010-64518899
网　　址：http://www.cip.com.cn
凡购买本书，如有缺损质量问题，本社销售中心负责调换。

定　　价：58.00元　　　　　　　　　　　　　　　　　　　　版权所有　违者必究

作为一名典型学院派的服装设计任课教师,在大学时期学习服装设计专业,2013年、2016年分别在London College of Fashion-UAL(伦敦时装学院)和Central Saint Martins-UAL(中央圣马丁学院)参加为期各四周的短期课程培训,从而详细了解了国外时尚顶尖设计院校的服装设计教学活动。时至今日,我国高等教育服装设计专业已经历了多轮的教学改革,男装设计这门课也从服装设计专业中逐渐清晰与独立出来,相关教材也已经是林林总总,不计其数。

本教材的写作源于笔者对服装设计教学的长期思考和多年的实践积累。

"设计"是什么?"设计"最重要的两个关键点,一是提出问题;二是解决问题;这两个关键点,也是男装设计的出发点。

"设计系统"是什么?是对服装设计观念、设计思维、设计要素、设计流程等一系列问题进行关联性研究。在继承和改造已有设计理论与方法的基础上,将"设计艺术"和"工程技术"等领域知识整合为一个有机整体。建立从设计创意到产品物化过程中诸要素间的相互关系,形成相互作用、相互约束而又相互促进的过程运行机制,以此来推动设计方式由单一或孤立的领域研究向系统工程的发展。

基于高职院校学生的人才培养质量要求,全书分为创意男装系列设计篇和男装成衣单品系列设计篇。男装设计课程应该先有创意思维从而引导男装成衣设计过程的实践,这是我在伦敦中央圣马丁学院培训期间,在与圣马丁资深教师Jenny Hayton女士交谈时得到的启发和建议。她表示作为学生在学习期间如果过度以产品为导向,那样在接下来的职业生涯中容易迷失在工作中。伦敦男装设计师Elliott James Frieze先生也提到,保护学生在校学习期间创新、创意的思维甚至是天马行空的想法是非常重要的,因为学生们在整个人生中最应该发挥创意想法的时期就是在大学期间,如果过早的泯灭想法而重视成衣设计和技术,在接下来几十年的职业生涯中是非常可悲的。

中国正以前所未有的速度在国际社会中奔跑,服装产业发展与转型升级的机遇和困难并存，我们有规模很大的服装生产企业，有先进的服装制造设备和人才，可是我们服装品牌的国际影响力却是短板。对于服装设计从业者来说，服装设计并不是那么容易，往往劳心费力却收效甚微。记得刘瑞璞老师的《TPO品牌化男装系列设计与制版训练》序言中那些振聋发聩的提问，如此现实。我们培养了全球数量最多的服装设计专业学生，有服装专业的博士研究生学位，但却鲜有国际顶级服装设计师。这当然不是通过一本教材就能解决的问题，但是只要我们不断探索和积极努力思考，服装设计一定会有更好的未来。

编著者

2019 年 9 月

目录 CONTENTS

上篇　创意男装系列设计

项目一　男装设计主题文化区域

- 任务一　时尚调研 / 005
  - 一　你了解男装时尚吗？你知道几个新锐的设计师？/ 005
  - 二　当代艺术思潮的调研 / 006
  - 三　新锐设计师的调研 / 008
  - 四　历史痕迹调研 / 011
- 任务二　趋势预测 / 012
  - 一　主题预测 / 013
  - 二　廓形预测 / 014
  - 三　色彩预测 / 015
  - 四　面料预测 / 015
  - 五　图案印花系列预测 / 020
- 任务三　灵感来源与分析 / 026
  - 一　灵感来源媒介方向 / 027
  - 二　灵感来源分析整合 / 028
- 任务四　创意男装故事板 / 033
  - 一　主题确立 / 033
  - 二　设计说明 / 038

项目二　2017年中国大学生时装周最佳男装奖作品实例

- 任务一　主题确定 / 042
  - 一　主题解读 / 042
  - 二　研究方法 / 042
  - 三　技术路线 / 043
  - 四　研究目的及意义 / 044
  - 五　主题研究 / 044
- 任务二　廓形分析 / 048
  - 设计草稿的表达 / 048
- 任务三　从试验到实验材料选择 / 051
  - 一　主题男装的面辅料选择 / 051
  - 二　主题男装中非服装材料的运用 / 052
- 任务四　从草稿到正稿集合 / 053
- 任务五　样衣制作表达 / 056

项目三　知识拓展：这些顶级设计师给我们的启示

- 一　Aitor Throup：用衣服讲故事 / 060
- 二　Iris Van Herpen（艾里斯·范·荷本）：试验材料 / 063
- 三　Alexander Wang：男装热度 / 063
- 四　Andrea Pompilio：轻松时尚 / 063
- 五　Angela Luna：设计想法拯救自己 / 064
- 六　Yohji Yamamoto（山本耀司）：Y-3的成功 / 065
- 七　Issey Miyake（三宅一生）：艺术力量 / 065

下篇 男装成衣系列设计

项目四 男装成衣系列设计实务

- 任务一 趋势解读 / 072
  - 一 男装主题色彩趋势解读 / 074
  - 二 男装图案趋势解读 / 077
  - 三 男装面辅料趋势的解读 / 079
  - 四 男装工艺趋势的解读 / 079
  - 五 男装廓形趋势的解读 / 081
- 任务二 流行分析 / 082
  - 一 国际T台流行分析 / 083
  - 二 标杆品牌男装订货会流行分析 / 085
  - 三 设计师品牌流行分析 / 085
  - 四 了解市场与展会流行分析 / 086
  - 五 明星和街拍时尚流行分析 / 087
- 任务三 产品企划 / 088
  - 当季产品设计企划 / 090

项目五 男装成衣单品系列设计

- 任务一 衬衫款式系列设计实务 / 096
  - 一 衬衫款式系列设计 / 097
  - 二 成衣单品——衬衫设计实例 / 099
- 任务二 男西装系列设计实务 / 105
  - 一 男西装款式系列设计 / 106
  - 二 成衣单品——西装设计实例 / 109
- 任务三 男夹克系列设计实务 / 114
  - 一 男夹克款式系列设计 / 115
  - 二 男夹克系列设计实例 / 116

- 任务四　男大衣系列设计实务 / 121
  - 一　男大衣款式系列设计 / 122
  - 二　男大衣系列设计实例 / 127
- 任务五　裤装系列设计实务 / 130
  - 一　裤装款式系列设计 / 131
  - 二　裤装系列设计实例 / 135

参考文献

上篇

创意男装系列设计

"服装创意包括对服装、色彩、装饰等视觉形态的构想,也包括对材料、结构、工艺等技术因素的综合论证。创意方案是对服装的形式与功能、实用与审美、社会效益与经济效益的统筹兼顾,而不是对艺术或技术的片面追求。"虽然创意有时候表现为某些奇特的"想法",但是如何将这些零散的"想法"整理成一个有新意又能打动人的思路,最终形成系列的、完整的创意方案,才是创意男装系列设计的核心。往往创意的"想法"有其偶发性,如果我们仅仅依靠这些"非理性"和"偶发性"的因素来驱动设计的成功,显然是空洞且不可持续的。而现实却是我们所从事的男装设计工作以及职业生涯是持续性的,因此,运用正确的服装设计方法论,以支撑男装设计工作的可持续性,必须进行专业的训练。

我们再来理解一下创意设计的过程:从设计创意的产生到物质产品的实现,大致可以分为设计准备、设计创意、设计物化和设计完成四个阶段。设计准备阶段主要是解决设计理念与产品定位的问题;设计创意阶段主要是解决设计构想与视觉表达的问题;设计物化阶段主要是解决产品在功能与形态方面的技术问题;如图所示:通过对装置艺术形式的思考结合新中式概念的一些元素,为一家纺织企业的新款面料做创意设计打样工作,当完成这个设计阶段接下来考虑的就是解决生产准备与市场信息反馈的问题。

新中式创意男装系列设计案例　　设计:王兴伟

因此创意男装系列设计不是单一地进行某一次偶发性的灵感碰撞,而是基于专业训练以及在创意设计过程中积累的设计经验,从而推动整个男装创意系列设计的可持续性。创意设计不是"昙花一现"的奇观,而是推动从事服装设计工作和职业生涯发展的关键"基因"。

项目一

男装设计主题文化区域

男装设计文化区域是指男装在设计过程中所需文化体系中人文类、风景类、科技类、时尚类、故事类、影视类、民俗类、地区类等具有相同或相似特征，或共享一种占支配地位的文化倾向的若干主题文化所构成的区域。在男装设计中通俗易懂的讲法就是支撑在男装设计过程中所需的能够刺激产生设计灵感的文化区域。比如说我们从哥特艺术中取材，提炼其死亡、恐惧、黑色、教堂等大量素材，应用到创意男装设计中，从而促成以哥特风格为主的创意男装设计。每个设计师都具有独立的设计思维，而这个独立的人类个体在社会的培养与成长中，汲取文化的范围不同，所受的教育不同，感受的生活环境不同等都影响其在男装设计中的设计思维。

如图 1-1 所示，毕业于英国皇家艺术学院的设计师 Aitor Throup 痴迷于解剖学，同时热爱插画艺术，并受装置艺术与工业科技的影响，因此在其服装作品中我们能深深地感受到服装带有鲜明的艺术、科技与功能结合的设计风格。

图 1-1　英国伦敦设计师 Aitor Throup

如图 1-2 所示，带有科技感、防护功能的结构设计作品，同时考虑到创意男装的人体活动范围，塑造一种仿生甲壳带有功能性服装的感觉。如图 1-3 所示，通过对设计想法的实现，最终实现创意服装，加之重灰的硬朗风格的颜色，将作品的科技感与硬朗表现得淋漓尽致。因此我们可以从时尚调研、趋势预测、灵感来源与分析等方面强化设计意识，从而进入专业的训练。

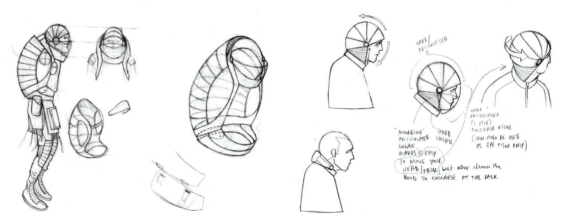

图 1-2　英国伦敦设计师 Aitor Throup 设计效果图

图1-3 英国伦敦设计师Aitor Throup设计作品

任务一　时尚调研

【学习内容】

创意男装系列设计的时尚调研

【学习目的】

1. 让学生了解创意男装系列设计的时尚调研的关键内容，丰富作为男装设计师的专业素养；
2. 学会收集整理调研资料，积累设计素材和经验，从而刺激设计想法，激发设计兴趣。

【学习要求】

1. 让学生读懂书中的故事，理解其中的道理；
2. 让学生从典型调研事件中汲取经验；
3. 根据调研资料整理调研故事板。

一　你了解男装时尚吗？你知道几个新锐的设计师？

男装设计师虽然能够对许多不同的文化区域进行设计调研，但是他们总是会注重于男装的实用性和功能性。不管设计师看上去多么的其貌不扬或者前卫，他们深知男装与其说是艺术品不如说是产品（这一点与女装不同，女装有时就只是一种艺术表现），所以他们设计的核心就是服装的实用性。要想成为一名出色的男装设计师，深谙男装的发展历史至关重要，尤其要熟悉定制男装和军装的历史。

男装并不过度追求精致的轮廓和奢侈的细节，也不像女装那样运用多彩的颜色和印花。当然，这一点在过去的几年里有所改变。安德鲁·格罗夫斯是英国伦敦威斯敏斯特大学的

图1-4 服装设计师 Viktor & Rolf

课程总监,他说:"总体而言,女装设计的思路仍比较老套,从一些抽象的、虚无缥缈的题材中获取灵感,而男装设计则更加注重服装的制作技术、实用性和功能性。"即便有的男装设计师的设计风格较为魔幻,如图1-4所示设计师汤姆·布朗尼、维果罗夫(Viktor & Rolf)等,但依然不失对服装功能性的关注。因而,这样的男装在实用性、功能性和魔幻性上保持了平衡。伦敦中央圣马丁艺术与设计学院的男装讲师斯蒂芬妮·库珀(Stephanie Cooper)认为,当今的男装设计师非常注重细部和对传统的革新、颠覆,他们对制作、缩放、比例都非常敏感,在这种情况下裤子宽度的变化或者有无翻领的设计都可能是重大的变革。这使得设计师们还有无穷无尽的空间可以探寻。莎伦·格劳巴德(Sharon Graubard)是纽约时尚资讯网(如图1-5所示,Stylesight是世界顶尖的时尚趋势预测网站)的流行趋势分析部的高级副总裁,她也非常认同细部的重要性。她认为,男装的优势在于它的语汇比较小。这就意味着,任何微小的变化,如领口高一点、衣领宽一点、裤腿短一点、颜色惊艳一点,都能表达出很多含义。优秀男装设计的一个重要元素是服装功能性的实现。格罗夫斯认为,对不断发展的男装得从技术和美学两个角度去审视。

图1-5 Stylesight是世界顶尖的时尚趋势预测网站

二 当代艺术思潮的调研

艺术思潮是指在一定历史时期和一定地域内,随着社会生活的发展(特别是经济变革和政治斗争的发展)以及艺术自身的发展。在艺术领域里形成的具有广泛影响的艺术思想和艺术创作潮流。它是社会思潮的构成部分之一。我们可以这样来理解男装设计与艺术思潮的关系。

20世纪五六十年代,是"二战"后的静谧时期,如图1-6所示,20世纪五六十年代男性着装情况;战后各种实验艺术逐渐现出端倪,西方现代艺术中心也开始从巴黎转移至纽约。抽象表现主义影响了无数的艺术家的抽象绘画与雕塑,表现主义以及极限主义风格大行其道。这时欧洲传统时尚服饰文化也伴随着艺术思潮的阵地转移,而转向以纽约为中心的新锐男装设计中心。最简单的表现是当欧洲男士以西装正装搭配穿着的优雅风格为主流时,美国崛起的男装品牌以带有休闲风格的夹克遍地开花。这俨然对男装正装穿着的搭配

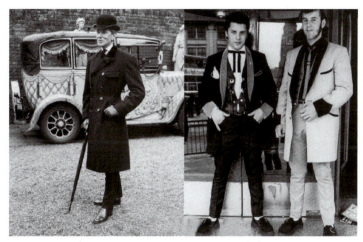

图1-6　20世纪五六十年代男性着装情况

带来了极大的冲击。

20世纪七八十年代，如图1-7所示，20世纪70年代《飞越疯人院》影视剧照再现男性的着装情况，反馈到艺术思潮区域中出现了关注个体、性别、身体、政治、科技的艺术主张，时尚美学对欧美时尚的冲击极为强烈。以至于涂鸦艺术形式被大量运用在男装中，将原来男装的经典正装搭配黑白灰色彩，转换成了印在T恤和夹克上的各种涂鸦图案，男装再次以不同以往的时尚表现成为社会男性着装的流行风尚。

图1-7　20世纪70年代《飞越疯人院》影视剧照

艺术思潮是社会思潮的一个重要组成部分，作为男装设计师应该活跃于艺术思潮中，接触各种新的艺术思潮，并从中获取新的艺术形式与内容，来丰富男装设计创作的思路和视野。下面是一些不同时期艺术思潮的关键词，供大家在查阅资料时使用并从中获取设计灵感。

20世纪50年代艺术思潮：抽象表现主义、集合艺术、无形式艺术、色域绘画艺术、芝加哥意象派艺术、陶塑艺术、动态雕塑艺术。

20世纪60年代艺术思潮：境遇主义艺术、新写实艺术、波普艺术、硬边绘画、快拍美学、极简美学、偶发艺术、光效应艺术、贫穷艺术、概念艺术、大地艺术。

20世纪70年代艺术思潮：身体艺术、光与空间艺术、时尚美学、女性主义艺术、表演艺术、公共艺术、声音艺术、高科技艺术、装置艺术、媒体艺术、新意象艺术、图案与装饰艺术、矫饰摄影、涂鸦艺术、新表现主义、超前卫艺术、新浪潮艺术、后现代艺术。

20世纪80年代以后的艺术思潮：挪用艺术、东村艺术、新几何艺术、多重文化艺术。

中国当代艺术思潮："伤痕美术""星星美展""85新潮美术""前进中的中国青年美术作品展""理性绘画"实验运动、1989年"中国现代艺术展"、1989年后中国当代艺术、1989年后中国新生代艺术、装置艺术、观念艺术。

通过对艺术思潮影响下的绘画、工艺美术、社会影像等艺术作品的分析与提炼，积累创意男装设计的灵感来源素材，对其加以整理并结合当下流行趋势，最终运用表现在男装设计作品中。在男装设计的工作中，我们不应抱陈守旧，将一些落入俗套的艺术潮流频繁拿来借鉴，在资讯发达的今天，不应把关注度集中，而应以猎奇的心态对待设计作品所反馈出来的概念。

三 新锐设计师的调研

谈到男装新锐设计师，诸多相关网络资讯非常容易获取，而谈论新锐设计师的目的是树立榜样，以更好地做好男装设计。男装设计也可以是创意男装设计范畴，追求男装设计的标新立异，创新驱动是关键，但也不是一味追求"前无古人后无来者"的创意，而是学会"站在巨人的肩膀上"思考看待设计问题。

如图1-8所示，男装设计师Michael Bastian是迄今唯一一个两次获得最佳男装新锐设计师奖项的设计师。2006年，在Bergdorf Goodman做了五年设计总监的他成立了自己的同名品牌Michael Bastian，次年就被《GQ》纳入首批获奖者名单中。2010年，他与GANT开启了四年的合作之路，并在2011年再度斩获最佳新锐男装设计师。除此以外，Michael Bastian也多次入围美国时装设计师协会大奖CFDA的最佳男装设计师奖项并在2011年获奖。可以说他是一位非常受美国主流时尚圈肯定的设计师。

如图1-9所示，男装设计师John Elliott的品牌风格更加偏向街头，运用简单而质感优良的面料来营造街头风格。在他的设计中你看不到街头风格品牌惯用的涂鸦印花和酷炫图案，而是用颜色的递进和变化以及考究的层次搭配来完成整个系列，如图1-10所示。

图1-8 男装设计师Michael Bastian

图1-9 男装设计师John Elliott

不同于前面以自己设计能力而闻名的设计师，如图1-11所示，男装设计师Steven Alan是以收集和售卖各种物品起家。1994年Steven Alan开设了自己第一家类似于"showroom"的店铺，售卖各种他从全球搜罗的喜欢的物品，从衬衫、鞋子到墨镜。1997年，他开始尝试制造属于自己的衬衫系列，手工挑选的棉布原料、独到的水洗加工方式鲜明地突出了他的品牌风格（如图1-12所示），让他的衬衫被称作"完美的衬衫"，并从此一发不可收拾地踏上了自己设计服装系列的道路。如今在Steven Alan的店铺可以买到他自己设计的男女装及配饰系列。他于2008年获得了《GQ》最佳新锐男装设计师的荣誉。

图1-10 男装设计师John Elliott作品

图1-11 男装设计师Steven Alan

项目一 男装设计主题文化区域

图 1-12　男装设计师 Steven Alan 作品

男装设计师张弛在英国及意大利学习时装设计，毕业于意大利马兰戈尼学院，获时装硕士学位，2007 年 6 月在伦敦成立了第一间工作室并开始销售自己的同名男装——Chi Zhang。2007 年 8 月在伦敦发表首个时装系列，名为 Rock Spirit，同月在伦敦 Covent Garden、Soho、Brick Line 等多处时尚地段的时装店销售，推出后获得一致好评。2008 年 9 月于北京时尚核心地段建外 SOHO 东区成立了工作室，将自己的工作重心由伦敦转移至北京。张弛的作品曾被多次刊登在国内外时尚杂志并获"CCTV 2009 年十佳新锐设计师"称号。

如图 1-13 所示，男装设计师瑞克·欧文斯（Rick Owens）于 1994 年在美国洛杉矶创建品牌，从 2001 年开始崛起，Rick Owens 富有创意的哥特式设计，令包括麦当娜在内的大明星都相当喜爱。目前在纽约和巴黎时尚周都能找到 Rick Owens 的走秀作品。极简主义的色彩运用和摇滚风格的不对称层叠设计是 Rick Owens 的招牌设计。如图 1-14 所示，Rick Owens 作品中暗黑、低明度的色调，使作品充斥着暴力美学的风格。

图 1-13　男装设计师 Rick Owens　　　　　图 1-14　男装设计师 Rick Owens 作品

德国伊朗混血先锋设计师 Boris Bidjan Saberi（如图 1-15 所示）于 2007 年在西班牙 Monistrol 创立了同名品牌与工作室，后将总部搬至巴塞罗那。也许是受到当地浓郁的哲学气息的吸引，接触到了许多的朝圣者和游牧民族，在考古遗址和战争堡垒等的环境中，Boris Bidjan Saberi 探索着与宗教感截然不同的都市时装轮廓。作为一个解构主义者，Boris Bidjan Saberi 经常通过解构经典的服装，加以自己的理解进行再设计。他擅长利用哥特风格的单色调分层织物，符合人体曲线的线条，在图案设计中运用不对称的几何形状，打造出极富前瞻性与未来主义的街头风格的服装，同时又可以在作品中表达浓郁的都市街头文化与滑板运动风格。

在这个新锐设计师辈出的时代，我们仅仅用几位典型的设计师作为案例并不能诠释当代男装设计的趋势，但这些典型的成功案例能激励我们加快男装设计工作奋进的步伐。因此，需要大家关注更多新锐设计师，不能仅仅关注其作品，还应该了解其创作的故事，寻找其成功的要点。

图 1-15　男装设计师 Boris Bidjan Saberi

四 历史痕迹调研

不少服装设计师都从过去的设计中寻找灵感。男装设计通常建立在传统的裁剪工艺、服装功能以及廓形上。事实上，服装设计领域里，面料的纺织技术和服装的制作工艺发展相对比较先进，而在设计方面实质性的突破却很少。现代服装设计在裁剪和色彩方面更多采用了极简抽象派的方法，如图 1-16 所示，男装设计师 Boris Bidjan Saberi 作品中营造出一种简约的建筑风格。这一点还可以从卡尔文·克莱恩（Calvin Klein）、吉尔·桑德（Jil Sander）、拉拉夫·西蒙（Raf Simons）、理查德·尼克尔（Richard Nicoll）等全球顶级设计师的男装作品中得到印证。现在，越来越多的主流设计师喜欢将男装设计与特定的时间和地方联系在一起，如英国的维维安·韦斯特伍德（Vivienne Westwood）、亚历山大·麦昆（Alexander maqueen）、约翰·加利亚诺（John Galliano），美国的马克·雅克布（Marc Jacobs）等。就连一贯以理性著称的设计师也会时不时地采用这种设计方法，像日本的川久保玲、渡边淳弥，甚至连意大利奢侈品牌普拉达（Prada）也不例外。他们也会展示一些复古意味浓重的男装。缪西娅·普拉达（Miuccia Prada）在 2012 年春夏男装系列中展示了风靡 20 世纪 50 年代的服装，有乡村摇滚风格的锥形裤、束腰夹克以及印有 50 年代风格印花的短袖衬衫等，而且定会引来成千上万件的

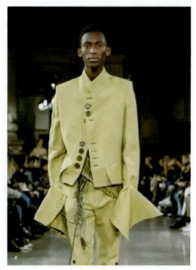

图 1-16　男装设计师 Boris Bidjan Saberi 作品

低价仿品。设计师加利亚诺的作品也往往是历史、艺术和地理元素的完美结合，他的2008年秋冬系列就是一个经典范例。想象一下，隆冬时节，当泰晤士河结冰的时候，河面上总是弥漫着浓重的雾气，整个都铎王朝时期的伦敦开始举办宴会，大家不分彼此，王公贵族、市井小贩甚至流浪汉都混杂其中。加利亚诺正是以这一情景为设计灵感，创作出了广受好评的作品。无独有偶，设计师维维安·韦斯特伍德也常常回顾历史寻找设计灵感。她的首个男装系列"裁剪与切口"于1990年在意大利佛罗伦萨展出，这一系列的设计灵感正是来自英国都铎王朝时期流行的切口风段制格。这种风格来自当时都铎王朝政府实行的节约法令，这一法令限制人们服饰的颜色和款式，像毛皮、针织品以及饰品等只能是有较高社会地位的人或者有职业身份的人才有资格穿戴。当时，颁布这一法令是为了减少国家在纺织品进口方面的开支，同时也是为了强化英国男性社会的等级差别。

思考题

1. 通过对艺术思潮的了解理解艺术思潮与男装设计的关系？
2. 通过你感兴趣的某种艺术思潮找寻受其影响的男装设计资料？
3. 通过相关资讯收集，选择你喜欢的男装设计师，并对设计师和其作品进行分析。
4. 从收集的男装设计资料中罗列其设计灵感来源。

任务训练

请根据所讲内容，结合艺术思潮、知名设计师、历史痕迹等内容收集整理一份素材资料。

要求：

1. 收集大量代表某个艺术思潮的绘画、工艺美术、社会影像的图片资料加以整理形成一个素材资源。
2. 图文并茂、文字注解。

任务二 趋势预测

【学习内容】

男装系列设计的趋势预测

【学习目的】

1. 让学生了解男装系列设计趋势预测的典型内容，根据设计任务整理趋势预测方案；
2. 让学生学会收集整理趋势预测资料，积累设计素材，为后面男装系列设计实践做好铺垫。

【学习要求】

1. 让学生读懂书中的故事，理解其中的道理；
2. 让学生在典型时尚调研事件中汲取经验；
3. 整理学习线索，能够独立制作趋势预测方案。

在流行风尚变化日益加速的现代社会，掌握流行信息对于男装设计有着重要的指导意义，对流行信息的获得、交流、反应和决策速度成为决定男装设计竞争能力的关键因素。因此对于流行信息的收集、分析与应用，无疑是强化竞争力的重要手段。设计师必须具有认知流行、掌握预测手段和应用流行资讯的能力，因此在服装高等教育的教学中，时尚流行的源起、预测、创新与应用是培养服装职业人十分重要的内容之一。在我们学习服装流行预测基础知识后，我们以案例形式来分析当下男装设计中所需的学习内容。

一 主题预测

对于男装设计而言，主题选择是关系着男装设计生命力的关键，因为主题的选择范围非常广，我们在面对主题选择时，会犹豫或者会频繁变更主题选择范围，一张精彩的图片，或者某种事件都可能成为设计的主题，恰恰因为主题的选择范围如此广泛，一些主题更容易被忽视。主题应该是设计作品"基因"的最原始起点，其决定男装设计最终产生的大方向。

男装设计主题预测是指凭借经验和应用的预测技术，对男装设计行业或者产业发展过程，具有一个带有流行、未来、风尚、热点等概念的关键节点的预测。其中重点是主题预测应该符合行业或产业的发展，因此需要对行业的发展有密切的关注和联系。当然，信息如此发达的今天，对于解决这个重点问题并不是难事，真正的难点是具备一定的实践经验，而经验是需要积累的。

如图1-17所示，主题"边缘地带"预测方案，因为某地区的局部战争而产生社会热点，

图1-17

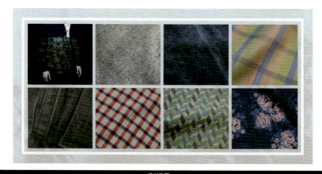

图1-17 主题"边缘地带"预测案例

人们因为战争带来的灾难而产生的自我保护意识作为整个设计作品的基因。人们从军装风格的服装中更能获得安全感，因此主题可以设定为能够引起人们共鸣的战争"边缘地带"，在设计中运用军装元素来表达这个设计主题。

二 廓形预测

廓形具有区别和描述服装形态的性质表征，服装廓形带给观者视觉冲击力的强度和速度是远远大于服装局部细节的，因此，它决定了服装造型的总体形态和基本特征。服装廓形也是男装设计中的第一要素。如图1-18所示，通过资料图片进行类形式模仿手法的廓形趋势预测方案，将大廓形宽松的着装形象应用到设计作品中，改变某些形式增加对服装结构的思考，最终促成设计方案的产生。

图1-18 通过资料图片进行类形式模仿手法的廓形趋势预测方案

三 色彩预测

色彩是服装设计三大要素中十分关键却又相对抽象的一环，是人类视觉感知的第一要素，也是社会演进所决定的流行方式的镜像，更是促进服装品牌化运作、消费者与企业情感交流以及企业与纺织服装生产业界交流的可持续发展的主要动力。在国内本土男装品牌日益崛起的时刻，大量男装品牌也在寻找自己的定位及发展方向，在自身服装的造型、色彩、材质等方面的研究也不断加大，而色彩研究的课题中，特别是科学细化男装色彩方面的文献相对较少，但是对色彩的归纳汇总是服装设计流行色及服装品牌建立的前提和基础，所以其重要性也不言而喻。如图1-19所示，通过资料图片进行色块提炼的色彩趋势预测来整理表达2019春夏男装新街头文化为主题的男装色彩预测方案。

图1-19 通过资料图片进行色块提炼的色彩趋势预测

四 面料预测

服装面料的知识在诸多文献、资料中已经林林总总，在服装材料学的学习课程中已经初步掌握了服装面料的基本知识；但是面对市场上琳琅满目的服装面料，往往出现选择被动性，以至于在男装设计创作中会因为面料问题，改变设计初衷，从而失去男装设计的基因。总而言之，这是对于男装设计的面料缺乏深入调研的结果。值得一提是，在我国纺织行业的发展过程中，因为诸多方面的原因，出现了纺织面料与服装"倒挂"现象，这给服装产业的发展带来了一系列的问题，当然，事物发展总有两面性，辩证地看也有利有弊。纺织行业的"倒挂"现象，是面料生产企业先开发出各种各样的面料，或者因为外贸出口等原因大量生产面料，面料的开发生产往往优先于我国服装产业，服装企业在服装产品的研发中，因没有过多参与面料的研发或因面料研发成本过高，而只能从现有面料市场中选择男装设计的面料，面对成千上万种面料，作为一个设计师能够很好地运用的确是个难度不小的工作。因此针对此现象，讨论先有面料还是先有服装设计再开发面料无疑成为"讨论先有鸡还是先有蛋"的问题。如图1-20所示，通过对艺术作品特征来提炼男装面料的形式，并应用到服装中，这个过程不仅是对服装设计的思考同时也是对面料开发生产的思考。

图1-20　通过艺术作品特征提炼男装面料的使用案例

因此在男装设计中面料选择与预测非常关键，甚至在行业内有"服装用对了面料，设计就成功了一大半"的现象。

从男装设计角度来分析面料的选择，首先可以将天然纤维和化学纤维作为两个大类来考虑；其次针对面料生产的大类来分，分为针织与梭织两个大类；再次就是混纺类。通常在男装设计创作过程中，对于面料成分不像商品成衣的产品研发，必须对应国家标准或者外贸标准等等硬性要求，因此在此我们以适合创作需求的方面入手来了解男装设计面料选择问题。

1. 以运动风格来选用适合面料的种类

如果我们的男装设计是以运动风格为主，我们首先考虑适合运动风格的面料（如图1-21所示），比如全棉针织类，其具有较好的弹性和透气性，亲肤性优于梭织面料；在外套和裤装的设计中，可以以全涤面料或者聚酯纤维、醋酸纤维、粘纤等面料为主，因为其具有牢度、色牢度好、速干等特点，同时这些化学纤维面料随着现代工艺技术的不断提高，在很多性能方面已优于天然纤维。

图 1-21　运动风格面料

2. 以肌理表现选用适合面料的种类

比如在以科技风格为主的男装设计创作中，为了突出其科技感，往往会选用高明度颜色面料，通常会用到如图 1-22 所示的 PU 面料，面料表层有反光涂层，通过高反光的面料效果来强化男装设计的未来感和科技感。

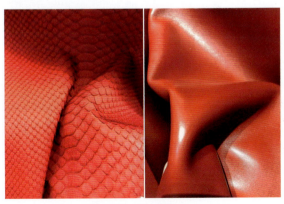

图 1-22　PU 面料小样

3. 以颜色表现来选用适合面料的种类

比如我们在男装设计创作中根据流行色趋势预测，选用如图 1-23 所示的带有明确色彩倾向的面料，这时面料选择就有明确的色彩导向性，更容易在男装设计作品中表达设计感觉。

图 1-23　带有明确色彩倾向的面料小样

4. 以图案表现来选用适合面料的种类

比如在男装设计创作中，想要绕某个元素形成设计质感。所以在面料选择时，需要考虑选择的面料是否可以支撑印花图案，或者是否适合刺绣图案等问题。

服装面料的表现可以通过织物结构和后处理工序的改变来获得，可以使用条纹、针织嵌花以及网眼等织物结构来获取男装的质感表现。制作图案的后处理工序包括压花、植绒处理以及印花等。不同的图案、色彩和纹理可以通过不同的方法印制在面料上，如丝网印花、手工模块印花、滚筒印花、单色印花、手绘印花和数码印花等，如图 1-24 所示。

图 1-24　偏重于织物结构特点的面料小样

5. 以感观表现来选用适合面料的种类

比如在男装设计创作中，对于悬垂感的要求，在选用面料时，应该选用悬垂感强的面料，比如选用如图 1-25 所示带有悬垂感的真丝重缎类、弹力针织布等。不管是天然纤维还是化学纤维，面料的悬垂感并不取决于面料成分，而是取决于面料的加工工艺。

图1-25 悬垂感的面料小样

6. 以单一面料表现来选用适合面料的种类

比如牛仔服装的设计中,如图1-26所示的牛仔类,也称为"丹宁",面料选择就有了唯一性,而牛仔面料的选择和使用,主要是对牛仔面料的再处理的要求,常见的牛仔表现工艺有猫须工艺、水洗工艺、石磨工艺、喷砂工艺等。

图1-26 牛仔类面料小样

项目一 男装设计主题文化区域

7. 以经典复古高档男装表现来选用适合面料的种类

男装设计创作有别于女装创作的千变万化，虽然近年来男装设计创作也有了更前卫、更大胆的设计，但是男装设计还是有其规律可循，经典、复古、高端这个主题依然是男装设计的主流，而经典男装设计中首选面料就是羊毛面料，如图 1-27 所示的毛纺类面料，目前我国羊毛纺织工艺已经到达国际顶级水平，精毛纺、精梳高密已经让羊毛面料能够适应各种高档男装的设计需求，在羊毛面料的选择上主要考虑精纺和毛呢两种面料。

图 1-27　毛纺类面料小样

通过上述从男装设计角度去考虑面料的选择要求可知，男装面料的预测往往不会因为面料的成分决定作用，而是由男装发展趋势和潮流决定的。比如著名设计师三宅一生（Issemeyak）在其创作（如图 1-28 中就选用带有规则褶皱面料质感的设计，此设计一度成为时尚界竞相模仿的标杆。比如著名设计师高田贤三在 Y-3 的男装设计中大量使用针织四面弹加 PU 覆膜的防水面料，如图 1-29 所示的 Y-3 2019 男装，颜色以黑色为主，一度成为年度很多男装品牌竞相效仿的经典。再比如前几年非常流行的针织复合面料（俗称：太空棉面料）最早是在家用纺织品（床垫、沙发坐套、汽车座椅等）方面使用，因为其良好的挺括性，利于服装廓形的造型表现而在近几年的服装中被大量使用。

五　图案印花系列预测

男装在图案的使用上可以简单归类为抽象图案、具象图案、综合图案三种类型。

图1-28　Issemeyak 2017男装　　　　　　图1-29　Y-3 2019男装

　　抽象图案包括几何形图案、肌理图案和数字图案,是男装中运用较多的一种图案形式。几何形图案是指运用几何学中点、线、面的排列组合,创造构成的具有形式美感的图案。几何形图案在男装中用的最多。肌理可分为视觉肌理和触觉肌理,是人对世间物质的自我感受。通过面料再造或工艺手法获取,如金属质感材料的肌理,会让人产生炫目、硬朗的感觉。数字及字母类图案在男装中也是常用题材,如图1-30所示字母和数字图案,男装中的数字及字母图案通常会有明确的受众者喜好偏向,运动感强,标识个性突出。

　　具象图案是运用图案构成的形式美法则,将自然界的素材进行艺术加工,设计成既具体又完美的图案形象。具象图案可分为花卉图案、动物图案、风景图案、人物图案以及建筑图案,此类图案在休闲风格的男装设计中使用较多。随着科技的发展,高清激光印花使具象图案有一种逼真感。如图1-31所示的花卉、动物图案在男装中的应用非常常见,花卉是大自然生命的象征,各种花卉有着不同的象征意义。花卉图案可以通过归纳、分解、添加等手法体现,表现出风格独特的装饰美感。大千世界中动物的品种繁多,其形、色、神情、姿态应有尽有,与人类构成非常亲密的平衡关系。动物图案深受人们的喜爱,可以通过动物图案来表达人的思想感情。风景图案内容丰富、形式多样,是意境的表现,展现出以景寄情、情景相融的艺术效果。人物图案突出人物形象的美感表现,由人物的外在美和内在美构成,有的人物图案还会体现名人人物的特有魅力。建筑图案是对某种艺术流派、某时代或某地区的艺术思潮和文化的体现。

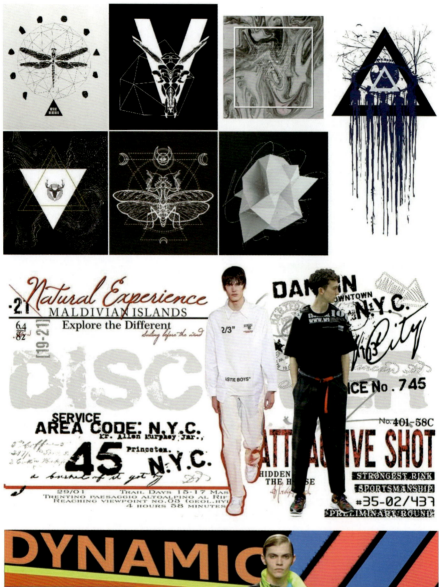

图1-30 图案在男装中的应用

图1-31　花卉、动物图案在男装中的应用

综合图案是将抽象和具象图案在实际运用中进行综合。如图1-32所示的兼带动物与字母等多元题材的综合图案在男装中的应用，在成衣作品中通常表现为T恤的印花、夹克的后背印花等。

图1-32　综合图案在男装中的应用

在男装设计中，图案选择要考虑图案的流行性、传统性、故事性、主题性以及象征性。服装是一个时尚产业，时效性、流行性很强。因而在选择图案时，首先要考虑它的流行性。服装图案虽然有流行性，但是传统的图案由于文化因素也会被反复运用。例如，如图1-33所示的线条多形式转化的图案在男装中的应用，条纹图案体现严肃和挺拔。经典的格子图案则表现出合体和正派感觉被广泛使用在男装设计中。为了体现一个设计主题，设计师除了进行廓形、色彩的主题设计，同样也会在图案上进行一两个主题设计。设计师在设计服装时，会将图案内在的表现特征予以充分体现，让受众者产生视觉的共鸣。

图1-33　线条多形式转化的图案在男装中的应用

图案可以通过多样的工艺手段来完成，工艺的类型非常之多，不同的工艺手段会产生不同的外观特征和不同的触觉效果。这里介绍几种男装设计中常用的图案工艺手段。

印花可以通过传统的手工绘画或直接用电脑设计来完成。手工绘画的种类繁多，包括染色法、水粉画法、丙烯酸纤维法、标记法或蜡笔画法等；电脑设计则借助 Illustrator、Photoshop、CorelDRAW 等软件来完成。根据印花材料的不同，可以分为水性和油性。水性的材料有胶浆、木浆、亮片硅胶、厚板胶浆、金箔等，可以通过直接印花、拔染印花、防染印花、网版印花、滚筒印花等工艺来实现印花效果。随着科技的进步，数码印花带来的快捷呈现成为当下服装使用图案的主流。

绣花有手工绣和机器绣两种。手工绣可以分为苏绣、湘绣、十字绣等，机器绣可以分为平绣、链条绣、粗线绣、仿手工绣、珠片绣、混合绣等。

同时在男装设计中对图案要考虑服装风格、消费群体的年龄层以及各民族对图案的忌讳等。下面我们着重强调一下服装风格与图案的关系。

商务风格所使用的图案元素以抽象、运动的小图案为主。休闲风格所使用的图案元素根据休闲定位不同，采用的图案侧重点也会不同。如图1-34所示的是扑克元素的图案在休闲男装中的应用，鲜明的元素在休闲时尚品牌中被广泛应用。个性休闲品牌则较少采用抽象艺术图案，以强调面料本身的质感和款式装饰细节为主要设计点。运动风格所使用的图案元素，大多采用数字、抽象图案，或者以国旗的色彩和品牌的标志居多。

「纸牌」屋 House of Poker

主题阐述

黑色系/朴克/满印图案

扑克花色/满印图案

图案工艺

图1-34 扑克元素的图案在休闲男装中的应用

如图 1-35 所示，传统图案在男装中的运用。

图 1-35　传统图案在男装中的运用

思考题

1. 设计师在对设计趋势预测时应具备哪些趋势预测能力？
2. 请思考一下男装设计的趋势预测还有哪些途径，比如利用秀场、工艺等途径来丰富趋势预测能力。

任务训练

请根据所讲内容，按主题预测、廓形预测、色彩预测、图案预测、面料预测等内容收集整理一份趋势预测方案。

要求：

1. 从确立的主题趋势预测方案到廓形、色彩、图案等分类趋势预测的方案具有贯穿性。
2. 图文并茂、文字注解。

任务三　灵感来源与分析

【学习内容】

灵感来源的分析过程

【学习目的】

1. 让学生掌握男装系列设计灵感来源的分析过程，根据灵感来源分析制作男装系列设计故事板；
2. 让学生掌握从不同文化区域收集灵感来源素材，培养学生整合素材的能力；
3. 让学生通过灵感来源了解男装设计中形式与内容的关系；
4. 让学生通过灵感来源资料的收集，掌握男装设计中形、色、图案、结构、廓形等内容的分析过程与提炼过程。

【学习要求】
1. 让学生在灵感来源收集的过程中具备明确的方向；
2. 让学生在灵感来源收集的过程中开阔思路，增加涉猎范围；
3. 让学生能够独立制作灵感来源分析文案；
4. 让学生能够从灵感来源中提取廓形、结构、色彩等关键设计元素。

男装设计师应该带着某种目的性，根据某种设计需要来密切关注生活中的种种迹象，还可以从自身的兴趣出发，激发出自己的创作灵感。不断丰富自身的知识储备，因为丰富的知识能够激发灵感、捕捉灵感，充分发挥出大自然是服装灵感的第一大宝库的作用。学会从各式各样的服饰文化中寻求创作灵感，更要经常参加文化艺术活动，零距离接触并体验实际生活，并从其他艺术中挖掘出服装设计的创作灵感，如图1-36所示，通过灵感来源分析整合的路径，最终把男装设计所需的关键设计元素整合出来。

图1-36　灵感来源分析整合的路径

一、灵感来源媒介方向

1. 新闻热点

作为男装设计师在设计灵感来源的寻找过程中，需要聚焦社会热点，关注新闻热点，利用新闻热点的人气，在快时尚品牌男装设计中聚集人气、寻找爆点，近而延伸为产品的爆款。热点往往代表大众关注度的方向，热点可以使男装产品在销售终端获取更多的"流量"。

2. 明星时尚

如图1-37所示的明星着装，明星时尚一直是时尚行业的风向标，也符合服装发展中的时尚传导性，不管当今市场中出现的"网红"等自媒体形式，恰恰说明在男装设计中流行的作用。当然，关注明星时尚，并不是直接将其引用到设计中，明星时尚这个灵感来源点，在设计过程中，应该以点及面的展开，研究明星穿着的时尚状态所反映的人群关注点。简单来说，当对某位明星的穿着形象出现在某种场合引起的热点进行研究时，并不是研究明星穿着形象的简单形式，而是整体状态所反馈出来的时尚感觉。

3. 流行元素

流行元素是指在社会人文环境，某种典型的元素在广泛传播，引起社会的共鸣，并得到社会大众认同，从而去模仿，其存在形式可能是某一事件，某一产品，某种元素，当此类元素引起极高关注时，可以将此种元素应用到男装产品设计中。举例来说，风靡一时的"锦鲤"活动，一度刷爆某些自媒体商业平台，如图1-38所示的锦鲤元素的使用。

图1-37　明星着装

图1-38　锦鲤元素

4. 期刊专栏

时尚杂志作为设计指南其影响已经在行业内显而易见。尤其是一些服装设计创业刊物，在男装产品的开发中已成为不可或缺的重要资料。

5. 艺术图库

在资讯发达的今天，新艺术形式或艺术概念不断变化，往往在收集这些艺术形式的过程中，我们以最常见的影像资料来保存。设计师从而建立属于自己的设计灵感来源资源库。

二　灵感来源分析整合

1. 廓形类灵感来源

如图1-39所示的传统图案在男装中的应用，通过灵感来源素材获取廓形的手法，表达出来的外在形式继而通过设计思维的转化间接地获得创意男装设计廓形的提炼。

图1-39　廓形类灵感来源

2. 结构灵感来源

如图 1-40 所示，通过对灵感来源中的图像信息进行分析，将强烈的秩序感和结构的堆叠的灵感应用在男装设计创作中。

图 1-40　结构灵感来源

3. 图案灵感来源

图案元素不能被随意添加或强行照搬，需要根据灵感来源的服装款式、色彩、图案等关键信息，在男装设计创作时找到契合点。后再应用，如图 1-41 所示。常用手法有叠影、结构定位等手段。

图 1-41　图案灵感来源

4. 文化符号灵感来源

文化符号通常都具有鲜明的象征意义，如图 1-42 所示的文化符号灵感来源，其代表着一种城市形象，在男装设计创作中，通常会将这种文化符号通过具象或者抽象的形式进行表达，其主要目的是引起人们的广泛共鸣。

5. 意识形态灵感来源

意识形态灵感来源本身具有抽象的内涵，或者表现为一种无厘头式的形象，或者表现为一种异于常规的形象，捕捉这类灵感来源的信息，往往基于某种特定的状况。意识形态

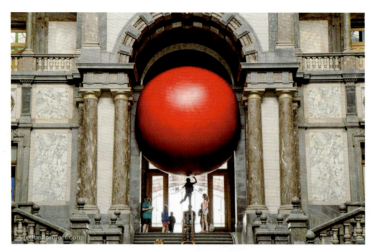

图1-42　文化符号灵感来源

在创意男装设计中也是常见形式，如荒诞、亚健康等，设计师借此对某种意识形态表达赞同或者反对的观点。如图1-43所示的意识形态灵感来源，对设计师想要借此突出表达某些小众服装，或表达与众不同的概念，在服装设计领域并不少见。

6. 前卫科技灵感来源

前卫科技灵感是男装设计永恒的灵感来源，如图1-44所示的前卫科技灵感来源，激发设计师对于未来流行趋势的思考。

图1-43　意识形态灵感来源　　　　　　图1-44　前卫科技灵感来源

7. 重复元素灵感来源

重复元素是设计师在对灵感来源中比较常见的，甚至在女装设计中对于重复元素的使用远远超过男装设计，往往因为其重复所带来的秩序和层次赋予设计作品很强的生命力。如图1-45所示的重复元素灵感来源，通常作为设计师表达设计作品着重强调的手法。

8. 错位型灵感来源

如图1-46所示的错位型灵感来源，设计师通过对艺术作品的理解，利用错位，颠覆常规的设计构思，将服装某些部位进行错位调整，追求标新立异的个人风格，是设计师常用的灵感素材。

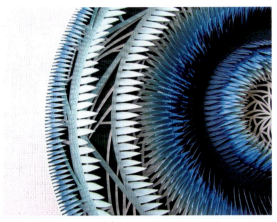

图1-45 重复元素灵感来源　　　　图1-46 错位型灵感来源

9. 设计意识冲动刺激性灵感来源

如图1-47所示的设计意识冲动刺激性灵感来源，创意设计主观理解本身就带有意识冲动，我们也可以称为偶发灵感，创作灵感需要外部对创作主体的刺激，不同的刺激会引发不同的创作联想，如此说来，捕捉更多不同形式刺激会让创作主体有非凡的创作灵感。

图1-47 设计意识冲动刺激性灵感来源

10. 时装画表现灵感来源

如图1-48所示的时装画表现灵感来源，时装画作为服装设计的基础，这是共识性问题。同样在男装设计的创作过程中，或许会因为某种时装画的表现手法，而产生对设计的思考，尤其在学生时期较为常见。

11. 肌理类灵感来源

在创意男装设计中，对肌理素材的加工通常会产生很有质感的效果。如图1-49所示的肌理类灵感来源，很多的设计师会通过灵感来源表现出来的肌理感觉，对作品的表现进行加工。通过肌理形式改变服装面料或者结构来实现作品饱满层次的表达。

图1-48 时装画表现灵感来源

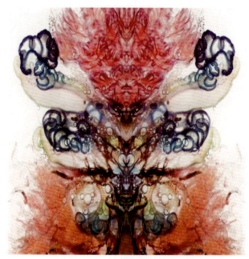

图1-49 肌理类灵感来源

思考题

1. 灵感来源整合中关键信息如何提取？
2. 请思考一下灵感来源分析整合的路径在男装设计方案中如何展开。

任务训练

收集灵感来源素材图片，将灵感来源素材整理成册，并简单在灵感来源素材上做廓形、色彩、结构等形式的分析，并在获取的每个素材中提取设计元素。

要求：图文并茂、文字注解。

任务四　创意男装故事板

【学习内容】
　　创意男装故事板的制作

【学习目的】
　　1. 通过整合趋势预测、灵感来源分析等前期内容，制作创意男装故事板；
　　2. 让学生掌握创意男装设计体系的构建；
　　3. 让学生了解创意男装设计的主体路径。

【学习要求】
　　1. 让学生学会制作创意男装设计的流行趋势的提案；
　　2. 掌握创意男装设计故事板的生成路径；
　　3. 让学生通过分析趋势预测与灵感来源细化创意男装的设计细节；
　　4. 让学生能够从故事板中整合廓形、男装局部结构、面料肌理等关键设计元素。

一　主题确立

　　主题确立应具备三种意识：社会责任意识；艺术美学意识；科技发展意识。为使整个男装设计最终成型，任何细节都应围绕这三种意识而进行，从而让整个设计充满生命力。

　　社会责任意识强调在设计主题的确立中，偏离社会责任，往往使男装设计丢失灵魂，社会责任意识通常是因为社会中某种事件的发生而成为群体关注的热点，容易使男装设计成衣的结果引起共鸣，获取更多关注。

　　通过入围2019年第24届中国大学生新人奖评选的学生作品案例来看，为探究人类大脑海马体萎缩成为阿兹海默症主要诱因之一，而观察某一类人群，发现平时经常使用GPS或者对方向感不明确的人更容易导致海马体萎缩，通过这个题材来确定一个主题。如图1-50。鲜明的主题，带有很强的社会责任意识，从而让整个作品能够引起很多人的共鸣。而这个研究题材也可以从科技的角度、从社会关注热点等方面纵深研究下去。

　　通过对主题的纵深研究调查，结合大量实验数据和实验资料，运用服装设计的语言加工凝练服装设计的廓形，运用美学素养对廓形进行表达；作品的生命力在形式和元素的表达中一步步成型。随着主题研究不断地深入，男装设计的创作空间也不断在延伸。如图1-51所示。

　　继而通过主题实验过程，将服装的结构、工艺等元素加入研究范围，通过大量的实验依据，运用服装设计的表达形式逐步把该系列的服装细节完善起来。如图1-52所示。

　　绘制创意男装系列设计的草图，将研究实验的过程分析转化为设计的草稿。如图1-53所示。

研究过程

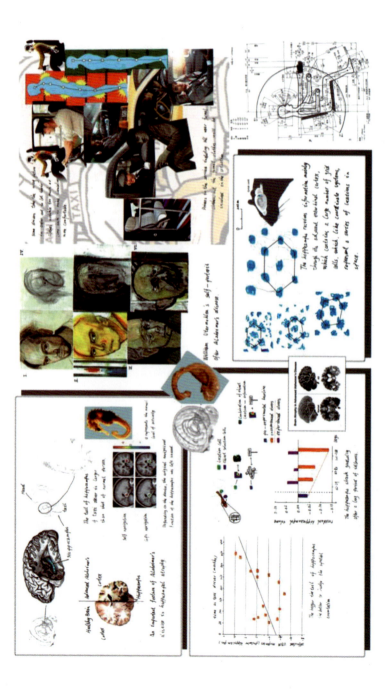

图1-50 主题预测分析 作者：蔡和君

廓形实验

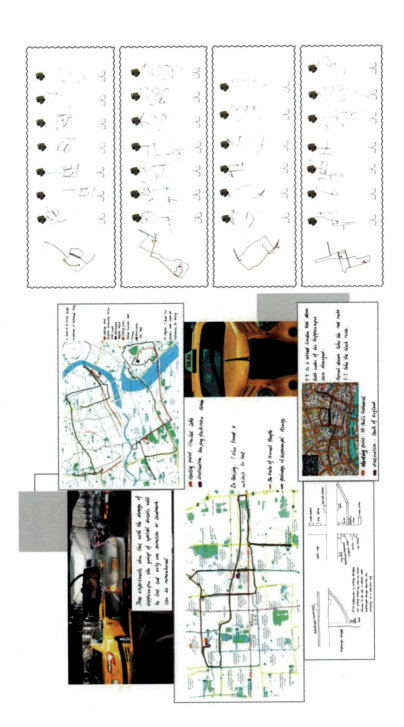

图1-51 廓形实验分析 作者：蔡和君

项目一 男装设计主题文化区域

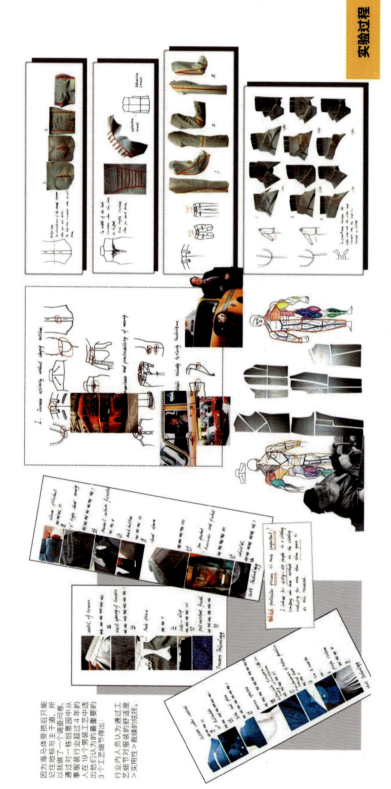

图1-52 实验过程分析 作者：蔡和君

草图与实验

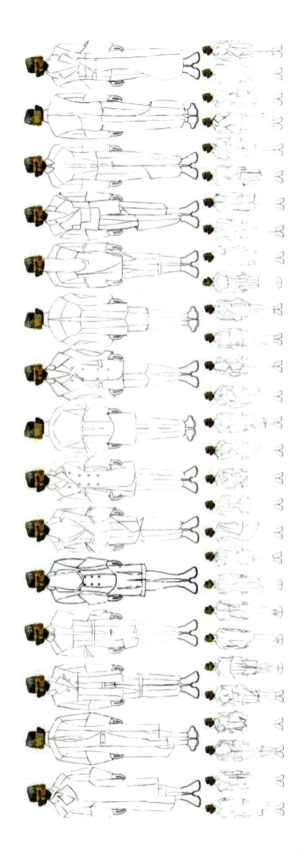

图1-53 草图与实验过程分析 作者：蔡和君

在面料的选择上,将主题研究过程中收集到的资料和素材,进一步加工处理,从而确定了整体男装系列设计的颜色基调继而提炼出色块,通过对色块的分析明确面料颜色和肌理的选择。如图1-54所示。

图1-54　面料分析　作者:蔡和君

从上述案例中可以发现,各个板面之间构成了一种前后衔接、循序渐进且互为因果的逻辑关系。过程中的每一项阶段性成果,既是前期研究的总结,又是后续研究的基础,从而表现为一个多元交叉、循环递进的发展过程。创意过程中不仅蕴含着许多的因素,而且会涉及多学科的知识和多种思维方式,要想用语言来概括地描述这一过程是相当困难的。

随着男装系列设计故事板不断完善,最终运用服装设计表达技法将设计效果完整呈现。效果图如图1-55。

二　设计说明

设计说明的书写是创意男装设计中辅助表达设计主题和设计想法以及未来开展工作的关键提示,其重要描述的内容应该涵盖以下信息:

(1)构思的概念指作者在作品创作过程中所进行的一系列思维活动。包括确定主题、选择题材、研究布局结构和探索适当的表现形式等。在艺术领域里,一般来讲,构思是意象物态化之前的心理活动,是生理感官自然转化为心理活动的过程,是心理意象逐渐明朗化的过程。

图1-55 效果图 作者：蔡和君

（2）制作的可操作性与技术性。服装设计是建立在以人的穿着为基础的物质性的形而下的有形设计文化，而不是单纯的灵魂追求的形而上的精神创造。功用是服装设计构思中审美思路的基础，仅仅从美出发来进行构思，那是搞创作，而不是设计。服装设计的任务不光要解决设计的美感问题，更重要的是要能使产品符合人的全面要求。进行服装设计构思时必须以人为本，不能为设计而设计，不能为创意而创意，从而把服装设计推到配角位置，只有对人进行充分的分析，在服装设计时才有针对性、定位性。

（3）服装设计构思的创造性。服装设计是一种特殊的造型艺术，它以款式、面料、色彩三要素构成了一种特殊的艺术语言。服装设计构思可以从每一个要素出发进行创意，也可以从整体角度出发进行创意，可以用新元素进行创意，也可以用常规元素超常理构成进行创意，从而达到情理之中、意料之外的效果。总之，服装设计构思要出奇、出新、出彩，要有创造性。

（4）服装设计构思的深刻性。服装，作为一种文化的载体，是社会与时代的缩影。而服装设计作为随工业时代发展而形成的现代设计的一部分，是一项综合工程，就其研究范围而言，它涉及美学、社会学、经济学、心理学、市场学、人体工程学以及其他所有与人类生活相关的技术学科。

因此在创意男装设计中对设计说明的书写应该涵盖以上信息，再加以提炼与转化，凝练最简明扼要的语言进行表述，根据不同的情况会有字数要求，因此准确表达设计构思与开展实施工作的可行性是设计说明的核心。

范文：海马体是人类感知道路与地理方位的主要结构，使用得越多海马体就越发达；同理，用得越少就会退化的越严重。而我们日常生活中使用GPS的时候是不使用海马体的。在日常生活中使用海马体最多的是出租车司机。而在2014年诺贝尔医学奖中提出海马体的萎缩是阿兹海默症的诱因之一。也就是说，在日常生活中，路痴与经常偷懒使用GPS的人比其他人更加容易患老年痴呆。

正常人海马体受损后重新开车的时候却再也不能准确地找到小的岔路口，只能辨认主干道与地标建筑；本人通过在北京与上海等地区找到愿意接受试验的参与者，进行了试验数据的统计和了解，得出了一定的相应结果，因此在本系列男装设计中融合了这一概念的创意。

思考题

对创意男装故事板制作过程中所需的知识结构体系的思考？

任务训练

通过趋势预测、灵感来源收集的资料整理一个主题概念，对主题概念进行技术路径研究和探索，制作一个具有主题概念的创意男装系列设计故事板。

要求：

1. 拟定主题范围不限；研究路径清晰，主题需符合社会某种群体所关注的热点，主题需具备市场开发性。

2. 故事板需涵盖趋势预测、灵感来源素材、廓形分析草图、面料色彩和图案分析、款式细节分析以及最终效果图。

3. 设计一个创意男装系列，不少于5套服装。

4. 表达技法不限。

项目二

2017年中国大学生时装周最佳男装奖作品实例

当代男装基于新的时代、新的流行趋势、新的生活方式和新的审美定向，通过创新驱动，运用创意思维，以某种社会思潮、群体形态的外在表现和内容，挖掘新的社会思潮、了解艺术思潮动向，准确把握潮流以及全新概念，突出原创设计设计元素而产生，通过男装设计的形式语言、风格与精神内核来表达创意男装设计的创新点；随着中国纺织服装行业转型升级的社会潮流，越来越多的设计师的独立原创设计出现在大家的视野之中。创意男装系列设计有别于纯艺术创作，其特点在于创意不单是赋予对象以审美意蕴，同时还要赋予对象以物质功能。所以创意男装不仅限于艺术范畴的研究，还包括对艺术思潮、廓形表达、颜色提取、材质和技术等方面的研究。

任务一　主题确定

【学习内容】
　　通过案例进行创意男装设计的主题确定
【学习目的】
　　1.通过实例让学生掌握创意男装设计研究方法和技术路线；
　　2.通过案例让学生掌握创意男装设计的知识理论体系；
　　3.通过案例让学生了解创意男装设计的目的及意义。
【学习要求】
　　1.通过案例让学生掌握创意男装主题的理论知识；
　　2.通过案例让学生了解创意男装设计研究体系。

一　主题解读

　　案例中创意男装的设计大主题是"壳"，通过对流行趋势与社会思潮的分析以及搜集并整理了大量的资料而确定。在设计思维中基于身体防护为设计点。身体防护属于服装的功能性，体现了服装最基本的设计需求，在人类服饰文化发展过程中防护性是服装的主要因素。如图 2-1 所示的灵感来源，将甲壳类动物的关键信息收集定位好，在此次作品中无论是廓形设计、颜色选用还是款式细节的设计和功能概念的表达都紧紧围绕这一特点展开。

二　研究方法

　　创意男装设计作品的创作主要采用以下 3 种方法论：
　　1. 文献方法论
　　通过国内外相关的赛博朋克作品、服装设计方法等文献著作、学术期刊及相关网站，分析研究这一风格的内涵与主旨。从被动的欣赏与接收转为主动的研究与探索；归纳整理出

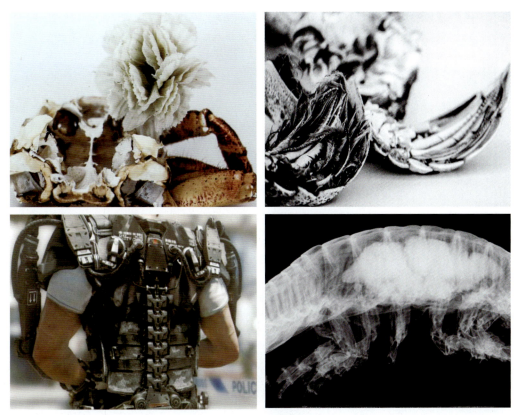

图 2-1 灵感来源

属于作品风格特有的研究思路与理论体系,从而为后续的研究提供坚实的理论基础与可靠的研究方向。

2. 借鉴方法论

利用多元艺术相通的特性,在科幻影视、数字游戏、摄影、建筑设计、装置艺术等领域收集大量带有赛博朋克风格的素材。通过吸收成熟的风格与理念来完善自身的定位与想法,所以跨领域研究成为必要的研究方法。

3. 案例方法论

通过将服装设计理念与实践结合,以现代科技与艺术思潮结合的角度,从大量的当代艺术作品中选取素材,进行具体的分析与调查研究;搜寻他们的共同之处与各自的优缺点进行解读,并与现有的赛博朋克服装作品、服装品牌风格进行对比,发掘出哪些是必要设计、哪些是过度设计,并吸取灵感进行创作。

三 技术路线

(1)查阅文献和设计案例资料,搜集相关信息并进行梳理;

(2)析并提炼赛博朋克风格和相关元素的概念与特点;

(3)分析归纳创意男装造型设计的设计原则和造型手法;

(4)设计实验案例,通过实验艺术设计和实施,进行有效的设计分析和总结;

（5）进行成衣样衣的制作，对实验样衣进行评价，并提出修正意见；
（6）进行系列设计成衣的整体调整，并进行配饰搭配和最终造型风格的实现。

四 研究目的及意义

在信息科技发达的现代社会，存在一些突出的环境因素、生态发展、社会秩序变革的问题，在这样的环境下人们的生活方式与思想都会发生很多的改变，如图 2-2 所示，关于设计意义的思考，可穿戴设备也成为人类科技研究的不可或缺的一部分。"赛博朋克"的核心元素在服装中的体现成为本次研究的重点，在"赛博朋克"元素中提炼灵感来源，运用创新思维模式表达设计构想，设计出符合"赛博朋克"这一元素风格的男装，以艺术语言来界定它是一种"过度"设计与极简设计的矛盾体，充分地强调实用性和功能性以及流行趋势概念，在实用性的基础上融合装饰性，这种新的表达形式与传统设计思维有较多的不同，按照此设计思维的表达形式可以脱离出原有的定向思维但又不偏离设计主题，规避在设计中设计表现语言的乏陈等问题。

图 2-2　关于设计意义的思考

通过对小说、电影、游戏、装置艺术与视频艺术等表现形式进行深入的分析与解读，将这些采样的碎片化的灵感，利用发散思维从中提取部分可用的素材进行创作，这样既可以在以往设计经验上继续前行又能避免受其他作品的影响，保持设计主题的独立性。通过这种方式来丰富创作素材并整理出清晰的脉络，为后续的设计与实验研究奠定基础并提供理论依据。

五 主题研究

作为科幻小说重要的分支赛博朋克（Cyberpunk）早在 20 世纪 80 年代就逐渐呈现，在新浪潮运动的热潮慢慢退却之际，一批新兴的科幻作家用他们独特的文学形式开拓了科幻小说的文化价值。可以肯定的是，"Cyberpunk"这个词基本上是在 Bruce Bethke 的 1983 年科幻小说 *Cyberpunk* 中首先被提到。该书出版后获得了巨大的成功和认可，难以置信地获得了当年的雨果奖、星云奖和菲利普·K·迪克奖,同时"Cyberpunk"这个词开始被广为接受。

如图2-3所示,假象环境与现实环境的一种艺术表现,从而延伸出本系列创意男装设计环境因素。

图2-3 环境拟设构想来源

1. 赛博朋克元素的表述特征

工业风情与机械美学的结合是赛博朋克的主要特征,具有科技感与冰冷、阴暗、反叛的反乌托邦阴郁美学的艺术特色。赛博朋克原本是文学家笔下抽象的文字描述,为了实现视觉化,便将赛博朋克形成了一种独立的美学风格。赛博朋克的表现主要围绕黑客、虚拟数字空间、网络、机械义体、高科技武器等,但是数字的虚拟世界并没有我们想象的那么美好,城市的居住环境十分破旧,繁华的街道毫无生机。因此充满着叛逆、冰冷以及金属感的黑暗美学成为赛博世界的主要特点,可见赛博朋克同样具有传统朋克风格的"两面性"的特征。

(1)科技感。赛博朋克主要围绕着资源极度匮乏,社会阶级矛盾强烈,信息网络构建出虚拟的数字空间,非人的义肢,强壮的身体与脆弱的思想,AI技术的发展使机器人与人类没有区别等元素构建出反乌托邦的未来城市。高度发达的信息世界已经使人类的生活离不开网络,而当今社会的种种迹象与二十世纪八十年代完成的科幻小说中的描述一一对应,并且还在不断朝着高度发达的虚拟现实(VR)发展,体现出了科技时代独有的特征。

(2)阴郁美学。在赛博朋克的世界,因为贫富差距的巨大,富人们在高级的摩天大楼中生活,而穷人们只能生活在暗无天日的阴暗之中,它充分地体现了后工业时代反乌托邦的特质。未来的虚拟世界并没有人们想象中的美好,人工智能(AI)技术的高度开发导致大量人口失业,财富掌握在极少数人的手中,社会秩序崩塌,压制的生活环境构成了赛博朋克的臆想世界。

2. 赛博朋克艺术风格与服装设计的关系

在探讨了赛博朋克的艺术形式之后，内容主要侧重阐述赛博朋克风格影响下服装的艺术表现形式。赛博朋克风格的服装最大的特点就是融合了阴郁美学与科技感，阴郁美学一般是通过服装色彩加以表现，而科技感则是通过对服装机能性的塑造加以呈现。本章主要阐述赛博朋克风格服装在机能性上的表现，以及机能性服装的设计方法与设计思路。

赛博朋克的艺术表达主要在于冲突与防护，将这些思想融入服装的三要素之中就可以在服装中完整地表达出赛博朋克的精神，这样才是一种合理的设计思路而不是浮于表面的照本宣科依葫芦画瓢，从事物的本质入手所衍生出的作品才是富有这个事物灵魂的作品。

3. 时装流行趋势中的赛博朋克语言表达

首先通过加拿大华裔服装设计师 Errolson Hugh 的作品表达的形式来分析。服装的流行趋势不仅仅是颜色的流行，还包括了款式、风格、意识形态等方面的趋势，服装的流行趋势是随着社会的经济状态与大事件的发生而不断地改变，并且是一种循环重复的创新改变。如图 2-4 所示的 Errolson Hugh 的典型作品则是将二十世纪八十年代末出现的科幻小说风格"赛博朋克"，从而将这一概念引申到服装上，形成了鲜明独特的风格。设计师也从空手道这一概念中，吸收了大量的设计灵感，并希望在其设计作品中，能够反映出着装者可以像空手道队员一样的精神面貌。其设计师个人的 ACRONYM 品牌服装充满了神秘、暗黑的概念性风格，在其作品中融合了很多设计师个人涉猎的文化领域，再把这些元素组合起来，即使过程很复杂，在其作品中也要充分表达这些元素的构成形成。

图 2-4　Errolson Hugh 的典型作品

再以伦敦先锋设计师 Aitor Throup 的作品表达的意识形态来分析。2014 年，Aitor 宣布接任 G-star 的创意总监，在 2017 年春夏的巴黎时装周上，他推出了 G-STAR RAW RESEARCH 系列并且首次采用了画展的方式进行展示，此系列融合了雕塑艺术、医学解剖、装置艺术等多种形式。如图 2-5 所示 Aitor Throup 的典型作品从追求事物的本真出发，而不是单纯地从审美出发，在他的作品中美是一种偶然，但是他把自己对美学的定义融入服装中使之产生了强烈的个人风格。所有通过事物所呈现出来的艺术作品其核心本质都是非物质的。他的所有表现手法核心在于对创作理由的尊重。在这个系列中虽然都是用的意大利编织丹宁面料但是却存在着两个极端，一种是未经加工的硬朗原胚丹宁，另一种是带有一丝靛青的漂白丹宁。通过复杂的结构设计将服装赋予了多种穿脱方式。

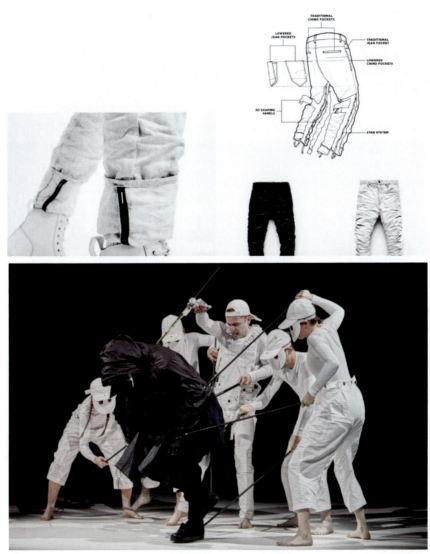

图 2-5　Aitor Throup 的典型作品

　　任何创意总是源于某种动机，而动机的产生又是对市场广泛需求的一种回应。从发现市场需求到产生创造动机，再由动机引发某种创造性构想，直至将这种构想加工成完整的创意方案，这期间所经历的一切环节即是创意的一般过程。虽然在实际操作中，因设计主体的思维习惯和设计对象的要求不同，创意过程的运行方式及内容也会有所差异，但就总体而论，创意是按照一定的规律产生的，抓住了规律，也就把握了创意研究的基本方向。因此，对创意过程的构成要素、相关知识、进程逻辑等问题的研究，有助于厘清创意研究的思维路线，这对于构建科学的设计方法会有很大的帮助。本研究根据服装设计的一般规律，将服装创意过程划分为 6 个阶段，即提出问题阶段、创意酝酿阶段、创意孵化阶段、创意生成阶段、创意完善阶段、创意表达阶段。这些阶段之间既相对独立，又相互联系；既保持前后衔接和循序渐进的关系，同时又有相互重叠和相互渗透的内容，总体上表现为一个系统整体。

思考题

寻找一个创意男装主题,并对主题研究的知识构架进行思考?

任务训练

根据所讲内容,拟定一个主题,对主题进行方法论的研究,并总结研究技术路线。

要求:

1. 拟定主题范围不限;研究路径清晰,主题需符合社会某种群体所关注的热点,主题需具备市场开发性。

2. 在时尚资讯中,找寻与主题相符的创意男装设计师及其作品并展开分析。

任务二　廓形分析

【学习内容】

通过对主题内容学习,对创意设计灵感来源等信息展开廓形的分析。

【学习目的】

让学生学习掌握创意男装的廓形分析路径。

【学习要求】

1. 让学生学会制作创意男装设计的廓形分析路径;
2. 通过设计表达技法绘制创意男装的廓形图;
3. 能够通过廓形分析提炼创意男装的款式局部细节;
4. 让学生能够通过廓形分析绘制创意男装的款式设计草图。

设计草稿的表达

在服装设计中从文学与影视作品中汲取元素,结合最近较为流行的边缘艺术形式和机器人机能的廓形与结构,大量运用几何拼贴与规律的立体造型达到防护与强调男装刚硬特征的效果;面料的水洗与破坏效果强调服装的环境因素。如图 2-6、图 2-7 所示:创意男装草图中通过军事题材与机器人机能元素的融合使廓形更具时尚科技感。同时大廓形意味着巨大的活动量,这样不仅可以为人体工程服务,而且还可以为人体防护提供可填充的空间。

当创意男装草图基本确立以后,为拓展更多的款式,如图 2-8、图 2-9 所示的廓形分析及款式局部细节的分析,需要沿着主题的思路进行廓形分析及款式局部细节的分析,并进行大量的草图绘制,从而保障最终作品中最代表主题风格的作品廓形和款式的产生。再次强调,服装设计不是偶发性、一次性的结果,大量的草图积累和训练总结才能促成好作品的产生。

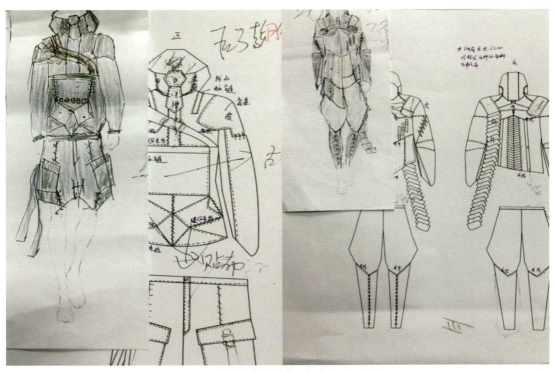

图2-6 创意男装草图(一) 作者:蔡和君

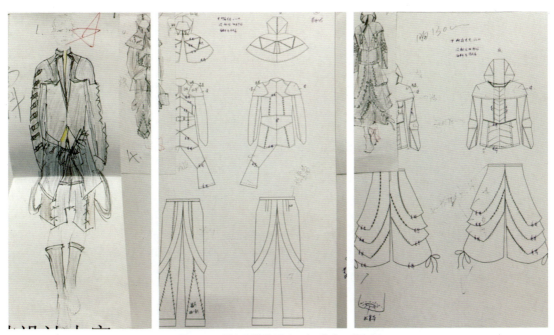

图2-7 创意男装草图(二) 作者:蔡和君

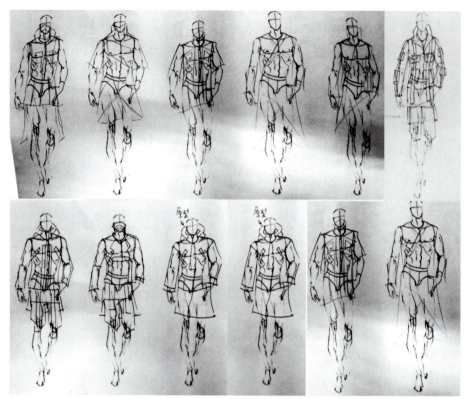

图 2-8 廓形分析及款式局部细节的分析(一)

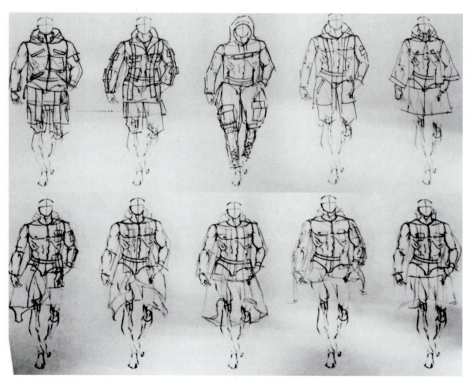

图 2-9 廓形分析及款式局部细节的分析(二)

思考题

对创意男装设计的廓形与款式关系的思考?

任务训练

对设计主题及创意设计主题故事板展开创意男装的廓形分析与设计。

要求:

1. 针对主题研究思路,对自己拟定的主题展开廓形分析技术表现;

2. 绘制不少于 30 款廓形草图,并对廓形草图进行筛选,对表达创意明确的廓形草图进行局部设计说明和局部设计细节优化。

任务三　从试验到实验材料选择

【学习内容】

　　创意男装设计中的试验与实验材料

【学习目的】

　　1. 通过实例让学生理解创意服装设计中材料的选择是多元的;
　　2. 创意男装设计同样是一种科学实验,需要对材料有更多的思考。

【学习要求】

　　1. 让学生了解创意男装设计中的材料;
　　2. 通过案例让学生更多地了解非服装材料在创意男装中的应用;
　　3. 试验与实验是创意男装中很重要的技术路径。

一　主题男装的面辅料选择

如图 2-10 所示:赛博朋克元素的创意男装设计作品中大量以帆布为主要面料,通过不同的厚度来塑造服装层次,为了避免服装的层次不够丰富,在使用不同盎司帆布的同时进行面料改造,使服装的面料表现更加的丰富。同时加入大量的织带、不同种类不同材质的扣件、珠子、硅胶、管子等服装材料与工程材料从而使服装更具多样性。

之所以选择不同盎司的帆布是因为其面料本身具有很强的可塑性,通过实验艺术的手段在局部使用 WEAVING(一种磨损做旧技术)的手法来制作出磨损的效果。通过不同形式的面料改造可以产生不同的表现方式。如图 2-11 所示的赛博朋克元素的创意男装设计作品选择带有功能类的辅料以增加服装的功能性。

图 2-10　赛博朋克元素的创意男装设计作品　作者：蔡和君

图 2-11　赛博朋克元素的创意男装设计作品辅料应用　作者：蔡和君

二 主题男装中非服装材料的运用

本系列在创作中通过实验艺术与非服装材料在创意男装中的应用，为男装设计的创新探索提供了大量表现经验。本系列的最后完善阶段加入了很多非服装材料，如水管、防毒面具、箱包封边条、硅胶垫、木珠等，增强了服装的层次与功能性，比如硅胶垫被大量地运用在背部与腹部类似于昆虫背、腹部甲壳的部分，如图 2-12 所示，甲壳背部与腹部的腹节与节点装饰给本系列服装的腰部和背部造型灵感。

通过这种造型形式一是可以加强服装的防护效果。二是让这部分形成一个个立体的块面而不是简单地贴合在服装表面，如图 2-13 所示，加上木珠是使每一个褶都可以表现为类似于半蛋壳型。胶管的运用是从颈部穿插到下体位置，贯穿整个服装系列，突出表现服装净化空气功能的实验艺术形式，增强创意男装的科技色彩；打孔铆钉的应用，主要用于胶管

图2-12 赛博朋克元素的创意男装设计中装饰辅料的设计灵感来源

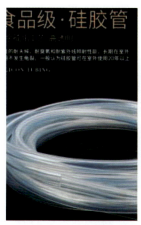

图2-13 赛博朋克元素的创意男装设计中装饰辅料

穿插位置;采用塑料搭扣件的装饰手法,表现服装的携带功能;多种非服装材料在本次创意服装设计中的应用既丰富了创意服装设计的形式感,又能表达设计点和设计风格。

思考题

对于创意男装设计中非服装材料的应用思考?

任务训练

自拟主题,根据主题分析,寻找收集一些非服装材料的样本和资料。

任务四　从草稿到正稿集合

【学习内容】

创意男装设计中的草稿与正稿

【学习目的】
　　通过实例让学生理解创意服装设计中草稿到效果图正稿的过程。

【学习要求】
　　让学生了解创意男装设计从草稿到效果图正稿的过程。

　　本次系列男装设计，首先从小说、电影和绘画等艺术形式分析提炼出大量适合加入服装的元素、风格、意识形态等。再将这些元素进行剪贴并与不同材料结合做出大量贴画作品如图 2-14 所示的概念主题板的制作，将赛博朋克特殊的机器美学与阴郁美学在不同材料组合中表现出来。

图 2-14　概念主题板的制作

　　"墟境"主题中赛博朋克的阴郁美学与机器美学的设计元素是将男装的色彩基调定位在低饱和度与水洗过后的自然色差上，低饱和度、低纯度的色彩给人一种压抑而又阴郁的感觉。军绿、黑色的搭配使用具有一种军装的色彩，展现着硬朗且具有安全感、低调隐秘性的色彩风格。如图 2-15 所示的色彩提案，在 WGSN 的流行趋势预报中低饱和度的大地色与矿物色等粗犷的色系成为 2018 年春夏流行色趋势中一个很重要的组成部分，这个趋势来源于 Kanye Omari West 与 Adidas Originals YEZZY SEASON 1。

图 2-15　色彩提案

基于前期工作的过程，将概念板、廓形、款式、流行色等内容，最后集合成创意男装的效果图，如图 2-16。

图 2-16　效果图正稿　作者：蔡和君

思考题

思考时装画与创意男装效果图的区别？

任务训练

自拟主题，设计一个创意男装系列。
要求：一个系列 6 套服装，款式图、效果图表达完整。

任务五　样衣制作表达

【学习内容】
　　创意男装设计样衣制作工艺路径

【学习目的】
　　通过实例让学生了解创意男装设计样衣制作工艺路径。

【学习要求】
　　让学生了解创意男装设计样衣制作工艺路径。

在服装的造型阶段先采用平面制版手法制出服装的大致轮廓，再利用白胚布运用立体裁剪的手法如图2-17～图2-19所示，通过将立裁裁片转化成平面制版图的形式，进行细节关键部位的调整，完善服装的廓形与完整性，因为服装的款式复杂，在平面制版中并不能很好地确定各个裁片或组件的位置，所以这种方式可以为创意男装廓形的确定提供可行性依据。

图2-17　立体裁剪手法的样衣试验（一）　作者：蔡和君

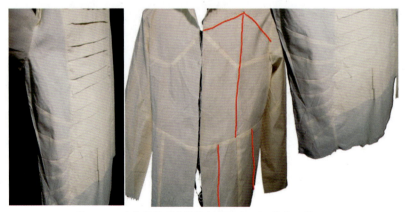

图2-18　立体裁剪手法的样衣试验（二）　作者：蔡和君

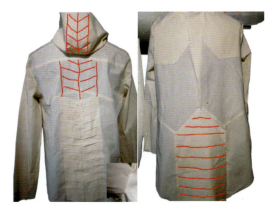

图2-19　立体裁剪手法的样衣试验（三）　作者：蔡和君

第一套服装的款式设计要点在于对称形式的设计通过细节处的织带与飘带来实现，如图2-20所示创意男装，肘关节处的隆起与袖口处的收紧通过立裁的形式来实现，之所以不通过收省或打褶，是为了让服装表面更加的平整以减少无实用（如捆绑、扎带等功能性）的突起部分。在胸前设置一个可封闭的大口袋同时在腰部两侧添加了插袋增加了服装的实用性。

第二套服装的款式设计要点在于它的不对称，只在关键的部位进行对称，同样的肘关节隆起加强了人体防护的概念。如图2-21所示创意男装，运用了大量的织带与卡扣强调服装的功能性并在服装的结构分割线中加设了插袋。

图2-20　创意男装系列作品（一）　作者：蔡和君　　图2-21　创意男装系列作品（二）　作者：蔡和君

第三套服装的款式设计要点在于以二战时期德国陆军下士军礼服为原型进行变形，如图2-22所示，将下摆用昆虫腹部的甲壳形式变形进行填充，同样除了基本部位的口袋外还添加了很多织带与卡扣从而提供了扎带设备的可能性。

第四套服装的设计要点是一个小斗篷，既可以整合保护衣服上的外置设备，又可以加强服装的防护性。如图2-23所示创意男装上的非服装材料将上下装整合到了一起。同时与前几套服装一样除了口袋还加入了大量的织带与卡扣。

如图2-24所示，第五套服装设计要点在于将前几套的设计要点进行整合并将局部的设计要点进行放大或缩小使之可以完整地存于一套服装之中。

图 2-22　创意男装系列作品（三）　　图 2-23　创意男装系列作品（四）　　图 2-24　创意男装系列作品（五）
作者：蔡和君　　　　　　　　　　作者：蔡和君　　　　　　　　　　作者：蔡和君

如图 2-25 所示，作品充分运用了服装结构线来表现服装效果。整体创意男装的设计表现要始终围绕主题设计方向，通过过程研究加入设计语言表现最终作品。

图 2-25　创意男装系列作品（六）　作者：蔡和君

思考题

作为一名服装与服饰设计的大学生为什么要进行创意男装的设计？

任务训练

自拟主题，设计一个系列的创意男装，思考分析样衣制作过程。

项目三

知识拓展：这些国际时尚顶级设计师给我们的启示

一 Aitor Throup：用衣服讲故事

出生在布宜诺斯艾利斯的阿根廷设计师 Aitor Throup 与其他同行的设计师相比，Aitor Throup 的理念和心意都太过特立独行，他认为，艺术家创造出难题，然后设计师解决。显然他自己既充当了艺术家的角色，又充当了设计师的角色。G-Star RAW 正式任命 Aitor Throup 为品牌创意顾问，并在伦敦发布了首个个人系列。Aitor Throup 除了拥有独到而极端的艺术审美以外，如图 3-1 所示，Aitor Throup 作品服装风格非常独特，同时他个人也醉心于人体的结构的符合性以及创新的实用性，这令其近年来在时尚界备受瞩目。

图 3-1 Aitor Throup 作品服装风格

Aitor Throup 的创作过程很独特，如图 3-2 所示，他对廓形分析及款式局部细节的分析时，如图 3-3～图 3-5 所示，在他的设计图稿中用细线描绘的有趣的样式，除了好看的设计和功能，他还会赋予作品故事，同一件衣服的每一个造型都能讲出一个故事，所以 Aitor Throup 的画稿上通常会有人物出现。

图 3-2 Aitor Throup 创作过程

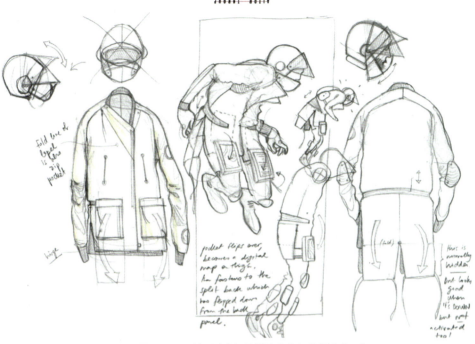

图 3-3　设计图稿中细线描绘的有趣的样式（一）

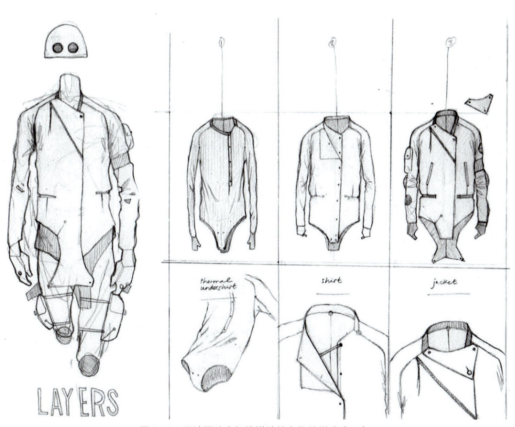

图 3-4　设计图稿中细线描绘的有趣的样式（二）

项目三　知识拓展：这些国际时尚顶级设计师给我们的启示

图 3-5　设计图稿中细线描绘的有趣的样式（三）

二、Iris Van Herpen（艾里斯·范·荷本）：试验材料

Iris Van Herpen 是荷兰前卫设计师中最受国际注目的新锐年轻设计师。Iris Van Herpen 也是土生土长的荷兰设计师，作为时尚界的 3D 打印技术先锋，她善于运用最先进的 3D 打印技术，结合精巧的手工，创作出既是高级定制、又是现代艺术的"可穿的雕塑"。虽然 Iris Van Herpen 的作品多以女性模特着装为载体，但是她带来的服装设计的创作手法同样适用于男装设计，因此在创意男装设计过程中，对于科技与新材料的探索同样不失设计的突破点，从而打破思维的禁锢，解放创意的思维。如图 3-6 是 Iris Van Herpen 作品。

图 3-6　Iris Van Herpen 作品

三、Alexander Wang：男装热度

2004 年，Alexander Wang 创建了自己的设计师同名品牌，并发布了 2005 年春夏女装成衣。在他的设计中，对细节的追求是很重要的特色，例如对边沿的处理就非常精细。他喜欢玩滑板年轻人的生活方式以及傲然冷漠的态度，并在这种生活态度上得到灵感，设计出自由、不羁的作品。无论在他设计的女装还是男装身上，都能感觉到他对奢华生活的不屑，以及对自身所好的偏执。图 3-7 是 Alexander Wang 作品。

四、Andrea Pompilio：轻松时尚

Andrea Pompilio，1973 年出生于意大利的佩萨罗，他的父亲是建筑设计师，他的母亲则热衷于绘画艺术，这样的家庭给他营造了一个充满创造力的成长氛围。在幼年时期，Andrea Pompilio 在祖母的时装店中开始接触时尚的概念，逐渐熟悉和了解各种面料和潮流的动态。在 8 岁时，他就决心要成为一名时装设计师。图 3-8 是 Andrea Pompilio 作品。2010 年，Andrea Pompilio 创立了同名男装品牌，并发布了 2010/2011 秋冬系列男装。在正式踏入米兰男装周前，Andrea Pompilio 已在佛罗伦萨的 Pitti Uomo 发布自己的作品。Pitti Uomo 是时尚界重要的发表平台之一，而佛罗伦萨是世界男装的中心，孕育出了许多杰出的设计师。

图 3-7　Alexander Wang 作品

图 3-8　Andrea Pompilio 作品

五 Angela Luna：设计想法拯救自己

　　Angela Luna 毕业于美国著名的帕森设计学院，在毕业时 Angela Luna 看到叙利亚难民的新闻，决定用自己设计的服装为难民提供一些帮助。Angela Luna 为难民设计的一系列服装让其在时尚界引起了广泛的关注，获得了学院年度最佳女设计师奖。之后 Angela Luna 放弃了唾手可得的进入纽约时尚圈的机会，并创立了 Adiff 品牌，该品牌致力于解决全球问题。Angela Luna 表示，希望能够设计生产出不同的产品，来引发大家的公众意识，"一方面时尚作为媒介，通过设计能够解决一些实际问题，然后来引发大家的关注；另一方面，任何购买 Adiff 的消费，我们会按一定比例捐助给难民组织，不再单单靠政府和公益组织的捐助去实现这些项目。"Angela Luna 作品见图 3-9。

图 3-9　Angela Luna 作品

六 Yohji Yamamoto（山本耀司）：Y-3 的成功

设计师山本耀司是 20 世纪 80 年代闯入巴黎时装舞台的先锋派人物之一。他与三宅一生、川久保玲一起，把西式的建筑设计风格与日本服饰传统结合起来，使服装不仅仅是躯体的覆盖物而是成为着装者、身体与设计师精神意韵这三者交流的纽带。Yohji Yamamoto 的设计风格一向都是不理常规、不分性别的。根据男装的理念去设计女性服装，Yohji Yamamoto 喜欢以夸张的比例去覆盖女性的形体，带出雌雄同体的美学概念。整齐而细致的剪裁、洗水布料和黑色都是 Yohji Yamamoto 的长青项目。Yohji Yamamoto 分别于 1972 年及 1979 年创立了 Y's for women 及 Y's for men，Y's 系列贯彻 Yohji 的设计理念。全球运动装巨头阿迪达斯与 Yohji Yamamoto 合作诞生了旗下品牌 Y-3 系列。设计师山本耀司表示："阿迪达斯使我获得了一种非常奇妙的灵感体验。与它的合作极大地丰富了我的创作生命，我们期待能够拥有更加美好的未来。"他以简洁而富有韵味，线条流畅，反时尚的设计风格而著称，以男装见长。Yohji Yamamoto 作品如图 3-10。

图 3-10　Yohji Yamamoto 作品

七 Issey Miyake（三宅一生）：艺术力量

三宅一生（Issey Miyake）的创始人 Issey Miyake，于 1970 年在东京成立了三宅一生设计室，此后相继成立了三宅一生国际公司、饰品公司、欧洲公司、美国公司等。三宅一生是伟大的艺术大师，他的时装极具创造力，集质朴、基本、现代于一体。三宅一生似乎一直独立于欧美的高级时装之外，他的设计思想几乎可以与整个西方服装设计界相抗衡，是一种代表着未来新方向的崭新设计风格。三宅一生的设计直接延伸到面料设计领域。他将自古代流传至今的传统织物，应用了现代科技，结合他个人的哲学思想，创造出独特而不可思议的织料和服装，被称为"面料魔术师"。图 3-11 是三宅一生作品。

图 3-11 三宅一生作品

思考题

根据上述知名设计师的简介，思考如何在服装设计中确立自己的设计思路和风格？

任务训练

收集个人喜爱的知名设计师资料，并加以整理。

下篇

男装成衣系列设计

该篇学习内容主要从服装与服饰设计基础类课程向专业细分化延伸，课程突出男装市场化成衣化运营模式，更适应于快时尚品牌男装的产品开发思路，将创新意识融入市场化成衣化的具体商品中，从粗放的艺术设计转向服务中小微企业的成衣单品快时尚设计。以时尚男装品牌企业案例为实践类型，以传统加工企业转型中期成衣类服装产品开发为对象，将男装成衣结合创意设计集中体现可操作性、可市场化的理念，从男装创意产品进行深入细化的认知与修正，将抽象的设计意识转换为男装成衣化单品，将片段的创意意识整合为完整的成衣开发流程，为更好地进入岗位，适应职业要求做好充分的准备。

1. 男装设计工作职业素养以及职业特点

男装设计工作需要有一定的美学基础以及逻辑思维训练过程，并对设计程序熟练把握，并且掌握一定的设计表现技能，比如精通一些设计软件（Coreldrawer、Adobe Photoshop、Adobe Illustrator等），能够将自己的设计构思通过对面料、服装板型结构、服装工艺等知识技能的综合应用得以实现。

通常对应的岗位有男装设计助理、品牌男装买手、男装设计师、男装定制顾问、男装设计总监、男装技术部主管、男装板型师等技术岗位，同时也可以是男装督导、男装产品质检（QC）、男装业务助理、男装销售经理、男装跟单等管理岗位。

通过一定时间的专业提升和锻炼，可以晋升为男装设计师、设计总监、商品企划经理、研发总监、区域经理或市场运营总监等。

2. 工作过程（场景）分析及能力需求结果

根据服装企业对男装产品研发过程的分析，岗位工作能力要求见下表。

典型岗位工作能力要求表

岗位		岗位对应的能力分析	
		岗位综合素质要求	岗位专业技能要求
技术岗位	男装设计助理	1. 负责图纸、资讯档案的管理、归档，编辑相关资料与存档； 2. 协助设计师跟进部门内各项事务工作； 3. 具有良好的沟通能力及团队合作能力，外向活泼开朗，有创意、有激情，可以理性控制自己的情绪，有责任心	1. 从事服装设计相关专业；根据每季设计主题，协助设计师收集各类服装款式、面辅料及配饰； 2. 能熟练操作Coreldraw、Photoshop等设计软件及office办公软件； 3. 熟悉男装面料，对针梭织布料特性比较了解，协助设计师完成款式设计、绘图、配料、下单、审版等工作
	男装设计师	热爱服装并投入热情，在工作和生活中注意观察、学习与设计相关的知识。具有鲜明的设计风格，并讲究细节的设计。善于色彩的搭配和各种工艺的运用，并对市场具有个人独立的理解。注重团队合作，善于思考，精力充沛。对服装和设计有自己的独到理解	能够根据设计的款式和尺寸要求，通过专业软件和个人经验，制作纸版。对人体知识、材料知识和服装工艺知识有全面的认识，在缝份结构、缝边构造、整形工艺方面积累了许多的经验，能独立完成起板、工艺、生产原料等工作
	男装设计总监	服装设计等相关专业，高端男装设计团队管理经验，具有独特的创作能力及敏锐的时尚触觉，对男装消费需求的认知具备前瞻性，思维活跃，强烈的资源整合能力，对流行元素有较高领悟和运用能力；熟悉服装设计流程、色彩的运用、面料特质及工艺；具有独到的设计和开发风格；出色的分析判断能力、优秀的团队领导能力、较强的组织协调能力	1. 负责组织完成各季商品企划方案的编制工作； 2. 负责组织完成设计素材的搜集整理工作，市场流行趋势的分析工作，定期编制分析总结报告提交至公司总经理； 3. 负责组织完成各季商品款式设计工作，同时需对打板工作进行跟进和指导； 4. 负责组织完成商品推广性资料的拟定工作，同时需对产品的陈列方案拟定进行指导； 5. 负责组织完成订货会期间的商品知识讲解工作

续表

岗位		岗位对应的能力分析	
		岗位综合素质要求	岗位专业技能要求
管理岗位	市场督导	根据公司发展规划，参与讨论管理团队的人才梯队建设及重大人事问题的决策。执行部门年度工作计划，负责监督、培养、考评下属员工。根据现有的直营渠道情形结合公司的营销策略制定并实施销售计划，每日与区域店长分析销售及管理情况，及时跟进工作进度	负责片区的人员管理、销售管理、货品管理、店务管理。协助商品部消化库存，提交销售计划，协助商品部拟定订货计划
	商品部总监	1. 根据公司品牌定位、经营目标和发展战略，负责制定公司年度的货品计划并执行； 2. 收集行业流行资讯，了解行业相关品牌的市场信息，掌握市场需求及流行趋势，制定并优化商品定价策略； 3. 负责本部门运作管理系统建设，定期提升部门员工的管理技能、业务技能和综合素质	1. 主导商品结构规划，统计分析畅销商品销售排名，预测商品销售趋势，确定商品供应需求，下达商品订货/补货、货期计划、货期安排和跟进等工作通知； 2. 与总公司沟通确定货品上市波段及商品促销计划、库存商品重组与当季货品转流规划工作； 3. 根据销售数据和库存数据进行分析，控制及优化库存结构，合理调配公司商品资源； 4. 负责每季商品销售及库存分析，拟定库存消化计划，完成最佳的库存控制
	技术部总监	1. 全面制定并实施技术部工作计划； 2. 制定本部门规章制度、绩效考核、工作定额； 3. 成立内部学习小组，学习新技术及知识； 4. 整合制定有关工艺技术的标准化、计量管理工作，定期进行技术分析和质量分析工作，制定预防和纠正措施	具有良好的职业道德修养，具有组织生产和管理的能力。掌握服装生产管理系统的运用以及更新改进，能发现问题、解决问题。善于与人沟通，能综合协调各部门关系
拓展岗位	时尚买手	负责系统整理、分析、归档时尚潮流资讯，提交调研报告，定期做好市场动态挖掘，收集时尚饰品、家居用品、纺织品、日用百货、化妆品、数码产品等市场信息并提交报告，负责根据各品类计划，结合市场趋势，完成买板工作，根据货期的初期配置、周转天数、产销率等指标，有效提升库存的周转成效及货品的销售毛利率；制定商品上市计划，了解分货流程及销售状态，及时反映日常问题并提供解决问题的建议	1. 服装设计专业学历，美术、设计类相关专业； 2. 零售百货行业采购工作经验优先； 3. 熟悉相关质量体系标准，精通采购业务，具备良好的沟通能力、谈判能力和成本意识； 4. 具有良好的英文应用能力，熟练操作计算机，了解ERP系统操作； 5. 有良好的职业道德和敬业精神
	男装陈列师	品牌基础陈列的规范、指引，对营业员工进行日常陈列知识的培训指导，对店面设计、货架和商品摆放有自己的见解，具有良好的品德，工作积极主动，责任心强，具备良好的团队合作精神	1. 具有品牌男装陈列工作经验； 2. 能独立完成品牌陈列手册的创意、设计、制作； 3. 动手能力强，熟练运用相关设计软件和办公软件； 4. 负责新品上市、节日、庆典、促销推广的陈列布置； 5. 负责终端店铺的陈列布置及日常维护和监督工作
	区域经理	1. 负责建立、培训、管理公司销售队伍，以及规范运作流程，收集和分析市场情况，制定公司销售政策和策略； 2. 领导建立公司营销网络，参与选择确定各市场区域的客源渠道； 3. 负责制定和完善营销管理制度，并逐步建立健全适应市场发展的完整的营销管理体系； 4. 领导制定产品价格、渠道网络、市场推广等规划，监督实施的执行情况，并提出修订方案； 5. 配合总经理制定年度招商目标和整体招商工作规划，并领导和组织实施； 6. 配合公司制定年度市场运营计划并做预算，监督运营过程并及时评估和调整； 7. 领导制定各区销售目标与计划，并督促实施，完成销售目标	男装一线品牌销售管理工作经验，较强的市场分析、营销、推广能力，具有丰富的营销网络，以及丰富的客户资源和客户关系，业绩优秀，工作严谨，坦诚正直，工作计划性强并具有战略前瞻性思维，有较强的事业心，具备一定的领导能力，了解互联网营销模式

要想成为一名优秀的男装设计师，不仅要有扎实的专业知识、丰富的社会工作阅历、灵活的工作方法、较高的审美修养和巧妙的设计方法等，还需要从男装创意设计的大视野角度看待男装成衣设计。

思考题

1. 男装设计师岗位职责有哪些？
2. 简述男装设计师的职业素养？

项目四

男装成衣系列设计实务

所谓的系列设计是表达一类产品中具有相同或相似的元素，并以一定的次序和关联性，构成各自完整又互相联系的作品。系列设计，强调主题下个体的关联性，然后每个单品又具有完整而鲜明的个性特征。男装系列设计方法，概括地讲是以程序的方法作为设计语言的基本要素，通过对要素分解、打散、重构形成完整的系列。男装系列设计的原则可以概括为将男装元素基于时间和空间的逻辑和秩序的规划准则。就男装产品设计而言，不同的服装类型存在差异，具有各自的特殊性，因此需要在尊重方法论的前提下特殊对待。接下来我们选择几个最具典型性和代表性的男装成衣单品进行细致的剖析。

男装成衣产品设计的主要工作可以概括为对流行趋势解读、对时尚流行分析、制定产品企划三大方面入手，从而为男装成衣单品系列设计工作的开展做好铺垫。

任务一　趋势解读

【学习内容】

1. 了解男装主题色彩趋势的解读
2. 了解男装图案趋势的解读
3. 了解男装面辅料趋势的解读
4. 了解男装工艺趋势的解读
5. 了解男装廓形趋势的解读

【学习目的】

1. 通过对男装趋势解读的主动探索和分析，掌握收集流行趋势素材的思路和方法；
2. 通过对流行主题色彩、图案、面辅料、工艺等趋势解读，制作趋势解读方案报告。

【学习要求】

1. 了解流行趋势发布的资讯范围，增加时尚资讯的获取途径；
2. 通过相关资讯，收集整理素材，制作流行趋势报告；
3. 了解市场流行的面辅料相关信息，掌握面辅料在男装成衣产品中的应用；
4. 了解图案趋势的相关信息，能够对男装产品中图案进行设计与应用；
5. 了解廓形趋势的相关信息，了解男装产品开发中廓形趋势的应用。

设计师在关注流行趋势时，要进行理性、综合的分析，不能盲目追随流行趋势。虽然我们会从各种社会事件、文化艺术、科学技术等方面获取各种各样的趋势信息，但往往反馈到男装产品中却不是通用标准，继而在最终的男装产品进入市场后的反应也是不一致的。男装流行的趋势解读更需要结合自身品牌的设计风格和设计特点来灵活运用。比如图4-1、图4-2所示2019年JOHN HENRY品牌的男装成衣，采用了"椰子树、海岛、热带元素"

图 4-1　2019 年 JOHN HENRY 品牌的男装成衣（一）

图 4-2　2019 年 JOHN HENRY 品牌的男装成衣（二）

项目四　男装成衣系列设计实务

为题材的主题，产品持续在东南亚市场反馈良好，但在中国市场的投放就要做出极大调整。趋势预测与解读是针对当前经济、政治、社会、技术、文化状况等各种各样的资源进行调查的过程，依赖于对各种信息的分析，分析的结果会对每一季的色彩、面料、廓形、细节图案等流行趋势产生影响。

一 男装主题色彩趋势解读

主题色彩趋势解读是产品开发的设计理念的直接体现，从研究设计对象的生活方式、爱好，当前流行的艺术潮流以及概念款式的特点等方面去选择灵感图片从而获取设计主题的色彩范围。如图4-3所示，设计师根据WGSN全球色彩报告探究了T台、展会、零售商、文化活动及消费模式等各个方面，从而预测近两年内最受欢迎的色彩。在产品开发主题色彩应用中，以暗色、灰色、蓝色为基调，与宽松或紧身的款式相结合，体现了现代人着装休闲化、中性化的需求。

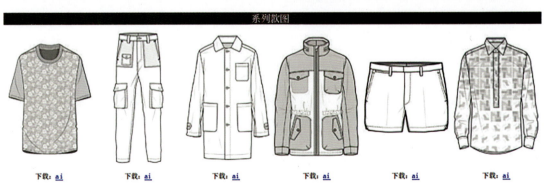

图4-3 2017年春夏男装设计主题预测——边缘地带中主题色彩范围

图 4-4 WGSN 发布的色彩组合一：奇幻数码与色彩组合二：沉静怀旧

提到 WGSN（Worth Global Style Network），英国在线时尚预测和潮流趋势分析服务提供商，已经成为时尚设计师最常用的了解时尚色彩趋势的重要途径。比如在 WGSN 对 2021/2022 秋冬全球色彩趋势发布中延续了之前 2021 春夏报告的模式，如图 4-4 所示将配色组合分为两个部分：一部分侧重沉静怀旧色彩，而另一部分则选用带有数码感的夸张色，并以这些色彩为基础来规划各类产品，涵盖时尚、室内装饰、美妆、科技、包装或酒店等各种设计领域。

我们攫取其中"血石红"为例，如图 4-5 所示，血石红是对红色系中色彩的提炼，受到最近在时尚领域流行的棕色影响，该色彩可与一系列颜色搭配呈现迷人效果，并且吸收了中国红和南美红的特点，融合了欧洲的低明调风格。该色彩是经典色调，呈现出契合深色主题的原色质感。如图 4-6 所示，"血石红"色彩主题男装。

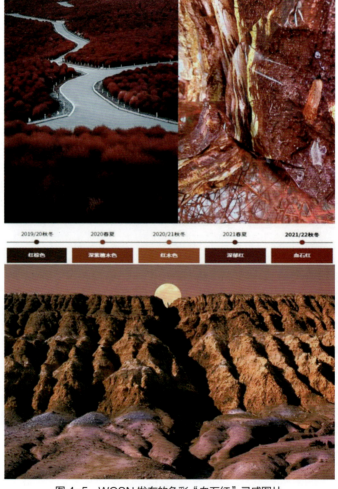

图 4-5 WGSN 发布的色彩"血石红"灵感图片

图 4-6　WGSN 发布的"血石红"色彩主题男装

二 男装图案趋势解读

图案的设计应用使服装拥有生命力，变得生动有趣，展现不同的思想、文化和生活态度。图案在设计上可以充分表达产品设计风格和品牌文化特点，也可以凸显个性独特的人文思想，再加以恰当的工艺手法后，完美呈现出特殊效果。服装是一个时尚产业，时效性、流行性很强，因而在选择图案时，首先要考虑它的流行性，如图 4-7 所示，为 2016 年伦敦街头调研实拍。

图 4-7

图4-7　2016年伦敦街头调研实拍

　　图片中主要是为了对男装图案的趋势解读而拍摄，其主要工作是对下一季男装产品的图案趋势进行预测与解读，从而在品牌项目男装产品开发中，针对性地将图案应用到产品的后背部。

　　作为一名男装产品设计师，应有敏锐的专业嗅觉，对于图案的使用，应考虑其在服装上的定位点，然后是图案的设计与编辑。着重强调一点，当我们从大量资讯资料中收集图案的时候，一定要注意知识产权的合法性。比如一些时尚资讯网站中的大量图案素材，若直接应用到男装产品中，会带来严重的版权问题，影响产品的上市，甚至引来侵权官司。因此在男装产品中，图案的设计与开发是需要设计师去充分协调与组织的。

三 男装面辅料趋势的解读

面辅料是男装设计的关键。对于男装设计师而言,了解面辅料的类型、特性、品质以及流行性是十分重要的。作为男装设计师,要了解面料感官语言,通过面料的纤维含量、重量、外观(织物的质地、光泽、图案以及后整理)、悬垂性、手感、价格、品质等来感知这款面料是否适合设计的款式类型及对应的消费群体和季节。设计师在选择面料时要考虑三方面的因素:面料与流行、面料与品牌、面料与款式。如图4-8所示JOHN HENRY男装品牌2020年春夏面料提案。面辅料趋势解读报告也是对下一季或者再下一季面料的趋势、色彩、纤维、手感、后整理、结构以及图案提出指导性的意见。

男装设计中,款式变化不是很大,然而随着人们生活方式的改变,在同一款式设计中越来越多地采用不同的面料去形成不同的视觉效果和风格特征。

图4-8 JOHN HENRY男装品牌2020年春夏面料提案

四 男装工艺趋势的解读

作为男装设计师,对男装的工艺趋势的了解是非常重要的。对男装工艺的了解不仅包括常规服装的制作工艺,还包括一些先进的、流行的工艺手法。如图4-9所示,对皮革类男装的工艺,不仅需要了解皮革的常规缝制工艺,还需要注重在男装产品中更容易形成设计创新点的工艺。

图 4-9　皮革类男装产品中工艺手法的处理

五　男装廓形趋势的解读

男装的廓形变化较小,在产品的流行周期里通常会有很强的延续性。廓形设计与男性的体型特点密切相关,影响廓形的主要因素是肩宽、胸围、腰围、下摆之间的比例以及衣身的长短。细节的变化也会影响廓形,如领口的高低、领面的宽窄、衣身的长短、胸围与腰围的比例。裤子的廓形变化与臀围、腰围、横裆、上裆相互之间的比例关系以及裤子的长短有关。上裆的高低不同会出现高腰、中腰、低腰的不同设计。

通常我们在做男装产品开发时,会制作如图 4-10～图 4-12 所示男装廓形趋势的文案,并且对文案进行解读,这是产品设计前的重要工作。

图 4-10　2020/2021 男装夹克外套廓形趋势文案（一）

图 4-11　2020/2021 男装夹克外套廓形趋势文案（二）

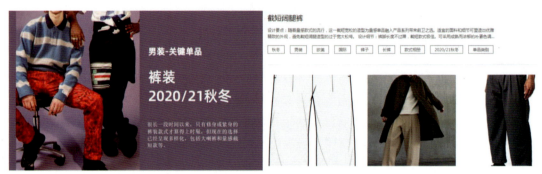

图 4-12　2020/2021 男装裤装廓形趋势文案

因此，对于男装产品而言，针对流行主题色彩、图案、面辅料、工艺、廓形等进行趋势解读和资料整理，在男装产品研发中至关重要，并且具有很强的指导意义。

思考题

1. 男装趋势解读主要涵盖哪些方面？
2. 请谈谈你对主题色彩、面辅料、图案、工艺、廓形等趋势解读的看法？

任务训练

制作一份涵盖男装主题色彩、面辅料、图案、工艺、廓形等趋势预测方案。

要求：

1. 围绕一个自己拟定的主题，收集整理素材，要求素材资料要贴合主题，注重内容的关联性。
2. 图文并茂，并有文字注解。

任务二　流行分析

【学习内容】

1. 了解国际 T 台流行分析
2. 了解标杆品牌男装订货会流行分析

3. 了解设计师品牌流行分析
4. 了解市场与展会流行分析
5. 了解明星和街拍时尚流行分析

【学习目的】

1. 通过对男装流行分析的主动探索，掌握收集流行分析的思路和方法；
2. 通过对国际T台、标杆品牌男装订货会、设计师品牌、市场与展会、明星和街拍时尚等流行分析，收集整理成资料手册。

【学习要求】

1. 了解流行分析的资讯范围，增加时尚资讯的获取途径；
2. 收集的流行分析资料按国际T台、标杆品牌男装订货会、设计师品牌、市场与展会、明星和街拍时尚等类型进行整理。

流行是一个时空维度的概念，它不仅指服装，还涉及文化、建筑、生活方式、艺术思潮、宗教等。简单地理解，服装的流行就是一种"模仿"，是一个形式的传导过程。比如某领域明星"出众"的穿着形象出现在媒体上，从而被"粉丝"竞相模仿，继而传导到周围人群而形成的一种群体模仿过程。

服装流行与否，取决于它在不同程度上所具备的艺术性、功能性、科学性以及市场性等众多因素。流行是一个带有周期性的过程。根据流行趋势分析，男装产品可以记录为研发阶段、导入期、成长期、成熟期和衰退期，如图4-13流行与产品周期关系图。

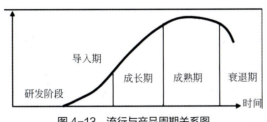

图4-13 流行与产品周期关系图

一、国际T台流行分析

男装产品设计即使是成衣单品设计，国际T台流行分析对产品总体方向的企划十分关键，是一项必要的工作，它能更好地帮助品牌定位，产品定位。了解国际T台的关键信息，对下一步即将进行的产品开发定位、设计创新等系列工作起到指导作用。每一个设计师在男装产品研发时，关注国际T台流行动态，所获取的信息的范围都不一样，所涉猎服装信息的界定的标准也都不一样，不管围绕着款式还是流行色的使用所读出的信息都是各取所需。作为初学的学生，应该从多个维度去看待T台的动态信息：T台发布的品牌或者设计师作品的影响力；分清T台发布是高级时装发布还是品牌成衣发布；T台中对款式、色彩、创意等元素的流行分析。

如图 4-14 所示为知名男装品牌的成衣发布；图 4-15 所示为品牌或者设计师 T 台的高级时装发布，两者有较大区别，不能混淆概念。成衣是指有规格型号、成批量生产的服装，意味着投放市场。而高级时装是设计师或者国际知名品牌公司发布的代表风格和形象的概念服装作品。

图 4-14　2018/2019 秋冬男装 T 台流行分析

图 4-15　高级时装发布

二 标杆品牌男装订货会流行分析

订货会是一个服装公司的大事。公司各个部门要从各个方面做好订货会前准备。设计部将开发以及采购的样衣在订货会前全部汇拢到公司，以作订货会实物订货所用。并且在订货会之前将产品按波段、数量、产品结构等内容交到商品企划部，由商品企划部制作成产品订货手册，在订货会期间分发给订货人员，以作参考。同时设计部针对本季度的设计理念、主题、系列等与形象推广部沟通，使形象设计部在布置订货会时能很好地体现服装的设计理念，将产品的设计理念传递给代理商、直营商。如图 4-16 所示的知名标杆品牌订货资料，通过其订货会的产品和信息，能够清晰地了解公司整个产品运营情况。

图 4-16　知名标杆品牌订货会咨询信息

因此，作为男装设计师应及时关注一些标杆品牌的订货会，掌握其动态信息以便能够为自身的产品研发做出正确参考。

三 设计师品牌流行分析

设计师品牌往往是"小众服装"的代表，其具有独特的创新特点，鲜明的设计风格。从设计师与品牌的关系来界定，似乎更清晰。品牌服装公司通常都有其恒定的品牌基因在主导其成衣产品的设计，而这种基因是不可颠覆的，比如路易威登，其品牌基因渗透到产品中，不管换多少设计师，在其服装产品中的品牌"基因"是不能改变的。而原创设计师品牌的成衣作品围绕设计师的创作而展开，保持作品的独立性，甚至每一季所开发的产品风格都不一样。

在国内倡导"工匠精神"的理念下，催生了一大批原创设计师品牌，有些甚至代表着中国新锐设计师力量如图 4-17 所示原创设计师品牌"花笙记"的产品宣传图片。这些原创设计师品牌甚至拥有自己的在同质化产品中优越于一些大品牌的定价权。

图 4-17　原创设计师品牌"花笙记"的产品宣传图片

四 了解市场与展会流行分析

当伦敦、巴黎、东京、米兰、纽约等国际时尚活动开展时，中国的中国国际时装周、上海时装周、深圳时装周以及杭州艺尚小镇等的展会活动也绚丽多彩，并成为中国设计师活跃的舞台。如图4-18所示中国国际纺织面料及辅料博览会官方网站宣传图片，中国国际纺织面料及辅料博览会、广东交易博览会等展会也是盛况空前，来自全球的时尚品牌和面辅料生产企业、服装生产企业、品牌服装公司、服装销售企业等更看好中国这个大消费市场，不遗余力地将时尚、生产、品牌、流行的信息在展会中汇集，成为全球时尚行业交流之地。作为男装设计师要充分了解市场与展会的信息，以作为设计研发好产品的重要支撑。

图4-18　中国国际纺织面料及辅料博览会官方网站宣传图片

如图4-19所示世界知名的佛罗伦萨国际纱线展、德国慕尼黑ISPO户外运动展、米兰纺织面料展等国际展会，也是男装设计师必须要了解的信息。

图4-19　国际著名的纺织服装展会资料

五 明星和街拍时尚流行分析

　　明星和街拍时尚是传递流行信号的前沿阵地。不能片面地认为明星和街拍是时尚编辑的关注点，而服装设计师和相关设计工作者无需关注明星时尚和街拍信息。对于服装设计工作，明星和街拍所带来的流行分析信息，能在服装产品市场中起到立竿见影的效果。

　　如图 4-20 所示，国外知名的时尚院校非常注重学生街头时尚调研和流行分析，旨在锻炼学生发现流行分析信息的专业敏感度，进而反馈到其产品的研发中。

图 4-20　男装街拍资料

思考题

1. 男装流行分析主要涵盖哪些方面？

2. 请谈谈你对国际 T 台、标杆品牌男装订货会、设计师品牌、市场与展会、明星和街拍时尚等流行分析的理解？

任务训练

　　制作一份涵盖男装国际 T 台、标杆品牌男装订货会、设计师品牌、市场与展会、明星和街拍时尚等流行分析报告。

　　要求：

1. 收集整理素材，要求素材资料要贴合主题，注重内容的关联性。

2. 图文并茂、文字注解。

任务三　产品企划

【学习内容】
1. 了解品牌男装的产品企划
2. 了解男装产品开发时间规划下的工作内容
3. 了解男装产品的主题设计
4. 了解男装产品的款式企划和面辅料企划

【学习目的】
了解品牌男装产品的企划流程和工作方法。

【学习要求】
1. 了解产品企划在产品设计过程中的地位，掌握产品企划的方法；
2. 了解产品企划中的波段设计、系列设计、分类设计的方法，了解产品管理的内容和组成。

在服装产品开发过程中，企划方案非常重要，它的决策对每个季节销售额的影响远远大于设计本身。做好产品企划能系统地规范贯穿设计、生产、陈列、营销的全过程。设计总监要根据所收集来的信息进行分析，做好季节产品开发的时间规划和产品的设计规划，企划方案中有一个对该季产品开发的清晰的概念板，包括该季推出的设计主题、设计系列、服装廓形特征、面辅料的选择和定制、色彩和图案的倾向、服装种类比例、大概价格定位、开发数量等，设计师通过企划方案向主管领导和销售主管进行展示和说明，共同研讨、协商和审定下一季产品的开发。如图4-21某知名品牌公司男装企划内容，从中我们可以清晰地看到男装设计的工作内容。男装产品研发并不是孤立存在的，要符合整个品牌的企划。

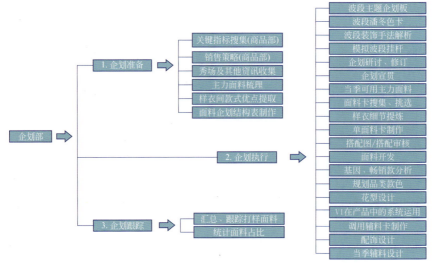

图4-21　某知名品牌公司男装企划内容

服装产品是一个时效性很强的产品,如图4-22和图4-23所示,因此合理安排产品研发时间,保证产品及时上架是产品企划中最关键的问题。

序号	春一(上货时间:×××季××月××日)	
1	主题	SHILED PROTECTION
2	氛围板/意境图	
3	基础色+流行色	
4	廓形、搭配	
5	主题花型	
6	主推版、基础款	
7	局部细节、设计元素	
8	代表性面料(趋势+主力)	
9	配饰	
10	辅料	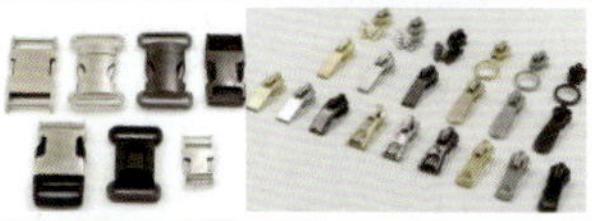
11	内里工艺	
12	VI的运用	

图4-22 某知名品牌公司男装产品开发计划单

项目四 男装成衣系列设计实务

2018/SS色彩波段

波段	月份	货品色系								
春一波	12月20日	☐	■	■	☐	■	■	■	☐	■	■
春二波	1月10日	☐	■	■	☐	■	■	■	■	■	■
夏一波	2月28日	☐	■	■	☐	■	■	■	☐	■	■
夏二波	3月15日	☐	■	■	☐	■	■	■	☐	■	■
夏三波	4月15日	☐	■	■	☐	■	■	■	☐	■	■
夏四波	5月10日	☐	■	■	☐	■	■	■	☐	■	■

图 4-23　某知名品牌公司男装产品色彩波段计划单

当季产品设计企划

1. 季度概念板主题设计

概念板主题设计是在充分的市场调研、流行趋势等信息收集及分析的基础上进行的。季度概念板主题设计要突出当季要主推的设计概念，以基调板图片或者效果图的形式，将季度要推出的主题设计概念、关键色彩、板型特点、设计细节、面料特点等产品的关键元素做成企划方案。

概念板有一个大的主题，如图 4-24～图 4-26 所示，在大的主题下还会有 3、4 个分主题。大主题经常会围绕一个故事、流行趋势或者生活方式向大家阐述下一季的流行主题和设计方向，概念板设计中包含设计的主题名称、关键词、色彩色调、设计说明。

图 4-24　某知名品牌公司男装产品复古运动主题

图 4-25　某知名品牌公司男装产品新潮假期主题

图 4-26　某知名品牌公司男装产品世界杯主题

2. 款式、面辅料企划

产品的研发并不是每一季全部都是新品，通常会按往季销售统计数据与市场反馈情况，按比例安排新品的开发，如图4-27和表4-1、表4-2所示。

（1）款式企划。款式企划要考虑款式的基本造型，要根据品牌定位的消费群体制定出下一季流行的基本款式。在进行款式数量企划时，要考虑店铺数量、面积等因素，然后再来确定设计量。

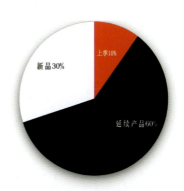

图 4-27　某知名品牌公司男装产品研发结构占比图

表 4-1　某公司产品占比表

系列	自由创意（F/O）系列 Free-Orignatility		都市时尚（C/F）系列 City-Fashion
流行度 SKU	18	24	30
流行占比	10%	60%	30%
时间	生活		工作
空间	第三空间	家庭	商务场合
SKU 占比	50%	20%	30%
产品线	主力产品线		辅助产品线

表 4-2　某公司产品自营指标表

分类		主要指标	2012 年实际	2013 年实际	2014 年 1~11 月（自营）	2015 年计划（自营）	说明
销售	零售额 10980 万元	直营 预算零售额	1,149	3,460	5,370	9,610	
		联营 预算零售额				100	
		预算零售额（直营转五季）				0	
		奥莱 预算零售额（奥莱）				1,170	
		预算零售额（临时特卖场）				100	
	零售折扣率	新货品（含沿用款）	0.85	0.85	0.86	0.89	
		老有效货品		0.75	0.83	0.89	
		折扣老货		0.81	0.70	0.35	
		饰品（有效商品）			0.84		
		平均折扣	0.85 折	0.81 折	0.83 折	0.87 折	
货品	有效货品消化率（含新货）	春季 产销率	1.6%	12.6%	15.1%	35.0%	1~8 月底 7~2 月底按照新的计算方式进行计算
		夏季 产销率	5.4%	9.4%	21.6%	35.0%	
		秋季 产销率	12.0%	14.1%	23.2%	35.0%	
		冬季 产销率	17.9%	19.1%		35.0%	
	无效货品消化率					35.0%	

（2）面辅料企划。面辅料的企划要考虑面料的成分、组织结构、质地以及色彩等。如表 4-3 所示针对产品类别与采购部门沟通协调，合理安排主要面料供应商。

表4-3 不同产品的主要使用面料表

产品类别	主要使用面料
单外套	全棉、棉涤、棉麻混纺、细涂层
西装	全棉、棉涤、棉麻混纺
卫衣	全棉针织
衬衫	全棉、棉混纺、棉麻、色织、细牛津纺
毛衫	全棉、棉混纺、毛混纺
T恤	棉氨、棉麻、细珠地、竹节棉、提花棉
休闲裤	全棉、棉混纺、棉麻、速干弹力
牛仔裤	全棉、丝光牛仔、弹力牛仔

  服装产品企划中面料开发（主力面料、基因面料、纱线打色/开发），如表4-4所示，面料开发申请单，面料开发根据新一季的色系规划，针对一些当季比较难找的面料，纱线提前进行打色，开发放样。辅料企划必须在设计师出款以前，企划板出来之后将设计总监确认的通用辅料按照当季开发需要，重新整理后贴在辅料卡上，按照纽扣、拉链、拉片、织带、花边以及其余所有辅料集中归纳，正在打样的单季新开发的辅料可以用原样实样，结合修改后的图稿的形式。辅料设计师应根据企划板主题风格指示，如图4-28所示开发适合当季主题的新辅料，注意与已有通用辅料的区别。

表4-4 面料开发申请单

面料开发申请单 品牌：									
原供应商	面料编码	价格	周期	门幅	克重	成分	订单数量	波段	备注（秋季、系列、成衣品类）
开发原因		搅拌/打样/放色				贴样区			
开发时间		需求完成时间		预计完成时间			实际完成时间		
开发供应商	面料编码	要求价格	开发价格	开发周期	大货周期	门幅	克重	成分	备注（秋季、系列、成衣品类）
开发要求									
设计部确认									
商品部意见									
技术部确认									
品质部确认									
设计师： 设计总管： 设计总监： 采购部： 事业部中心总经理（AZ）：									

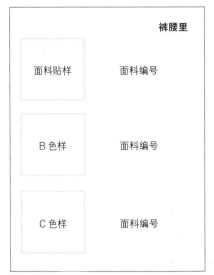

图 4-28 某知名品牌公司男装产品辅料计划单

思考题

1. 男装产品设计中产品企划中有哪些关键内容？
2. 在男装产品企划中，男装设计师需要完成哪些企划工作？

任务训练

根据产品企划流程，制作一份男装产品企划方案。

要求：

1. 产品企划流程合理、全面。
2. 图文并茂、文字注解。

项目五

男装成衣单品系列设计

任务一 衬衫款式系列设计实务

【学习内容】
  男装衬衫的系列设计

【学习目的】
  掌握男装衬衫的系列设计方法，能够绘制男装衬衫的款式图。

【学习要求】
  1. 了解男装衬衫的设计方法和设计特点；
  2. 根据TPO（时间、环境、条件）原则进行衬衫的系列设计；
  3. 能够通过手绘或者计算机辅助软件，完整绘制男装衬衫基本款式图，掌握基本款式的内穿衬衫的结构特点。

通常现代男式衬衫按用途及款式的不同，如图 5-1 所示，可分为礼服衬衫、正装衬衫和休闲衬衫三类。按照礼仪级别划分，衬衫分为礼服衬衫、普通衬衫和外穿衬衫。其中礼服衬衫和普通衬衫属于和西装（包括礼服）、裤子具有严格搭配关系的内穿衬衫（属于内衣类），是男装中最主要的配服；而外穿衬衫则属于户外服类，是可以单独使用的。两类衬衫无论在款式、板型、工艺还是用料上都有很大不同。

图 5-1 礼服衬衫、正装衬衫和休闲衬衫（从左到右）

标准衬衫款式的基本元素：①企领；②肩部有育克（过肩）；③六粒扣门襟（或七粒）；④左胸一个贴袋；⑤圆摆；⑥后身设有过肩线固定的明褶；⑦袖头为圆角，连接剑型明袖衩。如图 5-2 所示。

衬衫是日常着装中非常常见的品类，市场上的衬衫款式千变万化，作为设计师对于衬衫的设计并不是一成不变，通常根据TPO（时间、环境、条件）原则进行衬衫的系列设计。

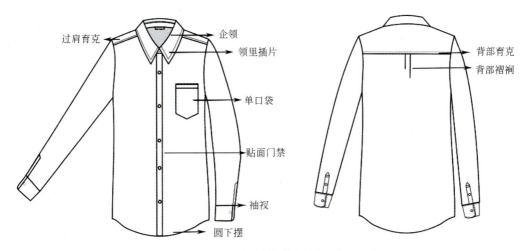

图 5-2 标准衬衫款式基本元素

一 衬衫款式系列设计

内穿衬衫分为礼服衬衫和普通衬衫,礼服衬衫又可细分为晚礼服衬衫和晨礼服衬衫。无论哪种衬衫,由于它配服的地位,以及受外衣和裤子的制约,款式变化很有限,有些元素的基本形态是不能改变的,如前短后长的圆摆造型是和衬衫总要束到裤腰里的固定穿着方式有关,这种方式不改变,衬衫对应的形态也就不会改变。

由于衬衫形态基本固定,可变元素十分有限,如图 5-3 所示,主要是企领设计、袖头和门襟的设计,这些皆为细节的设计,因此款式系列普遍采用"细节扩展设计法"。

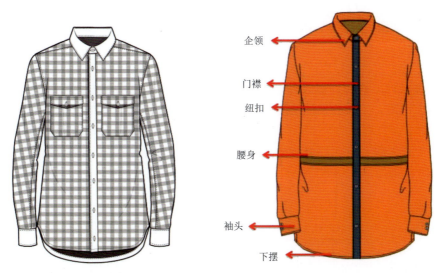

图 5-3 标准衬衫款式

(1)领型设计。领角变化可以说是衬衫的主要设计元素,它能有效反映流行趋势和审美品位,如图 5-4 所示多种衬衫领型款式,尖角领、直角领、钝角领、圆角领、立领都是常用款式。立领是为不系领带的便装考虑,如果作为礼服衬衫还要外设企领或翼领配件设计。

图 5-4　多种衬衫领型款式

（2）背部褶裥设计。如图 5-5 所示，内穿衬衫除了在后中位置设计一个明褶外，还可以设计成双明褶和缩褶，它的功能主要是保证手臂前屈时的活动量。

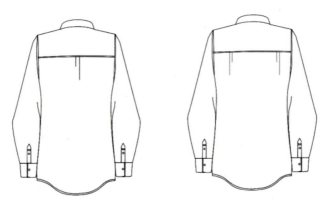

图 5-5　衬衫背部褶裥

（3）门襟设计。衬衫门襟设计常用为贴面门襟，衬衫门襟通常受领口叠门宽度限制，门襟宽度较为恒定，主要的设计范围集中明门襟变化为通门襟，如图 5-6 常见衬衫门襟造型所示。

通门襟　　　　　明门襟

图 5-6　常见衬衫门襟造型

（4）袖头设计。普通衬衫的袖头有直角、圆角和方角（切角）三种基本造型。如图5-7所示的常见衬衫袖头造型，袖头宽度也有普通和宽袖头的区别，宽袖头主要用于欧款设计。袖衩也可以由剑形变成方形。此外还有链扣式豪华版袖头两种，同时袖头也有三种"角式"。

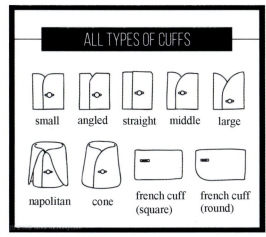 

图5-7 常见衬衫袖头造型

（5）下摆设计。常见下摆设计有平下摆和曲下摆，如图5-8所示，常见衬衫下摆造型。

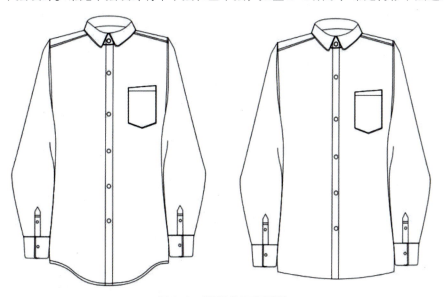

图5-8 常见衬衫下摆造型

二 成衣单品——衬衫设计实例

（一）正装衬衫

正装衬衫既可以穿在西装内，也可以外穿，有时也可以作为礼服衬衫穿着。这种衬衫的造型、尺寸等可以与礼服衬衫相同，目前流行的正装衬衫较为合体，一般略微收腰。正装衬衫由于外形变化不大，其主要的设计点体现在面料选择、工艺运用和细节设计。

1. 面料

正装衬衫的面料大多采用高纱支的全棉衬衫面料，光泽好且细腻，随着现代先进纺织工艺的提升，目前大多数采用棉混纺免烫的高支衬衫面料，有时还会采用真丝、丝棉等高品质面料。面料图案以素色、素色提花、细条纹、细格纹为主，可以与深色西服相衬，如图5-9所示。

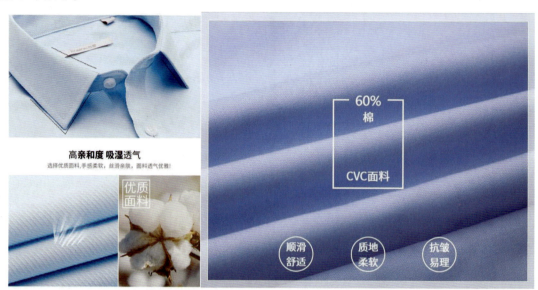

图5-9　男士正装衬衫常用面料小样

2. 工艺

正装衬衫的工艺运用主要体现在领部的用衬和定型上。领的不同用衬处理会带来不同的效果，领衬在领面则外观硬挺，领衬在领里，外观则显得自然。如图5-10所示，运用领插片结构，保持衬衫领的服帖。

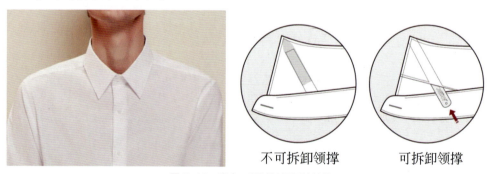

图5-10　男士正装衬衫领插片结构

3. 细节

正装衬衫的细节设计体现在领部和门襟的设计。和礼服衬衫的领部设计一样，正装衬衫的领部设计变化也比较多，如图5-11所示，有方领、尖角领、八字领以及立领等。另外，领衬的厚薄、领面的长宽、领座的高低、门襟的变化、袖克夫的宽窄、平门襟和明门襟的运用以及袖衩、下摆的处理都属于细节，设计如图5-12所示。

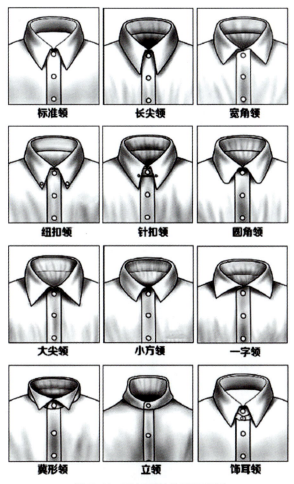

图 5-11 男士正装衬衫常见领型

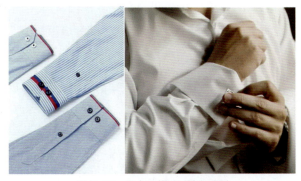

图 5-12 男士正装衬衫袖口造型

（二）休闲衬衫

休闲衬衫品类繁多，在面料、工艺、细节上的变化更为丰富。如图 5-13、图 5-14 所示，休闲衬衫通常既可以独立外穿，也可以配合休闲装穿搭。其宽松的廓形要求，使得在设计中往往只保留衬衫的某个典型的基本局部结构，而其他的局部结构设计变化非常多。

图 5-13 休闲衬衫款式图（一）

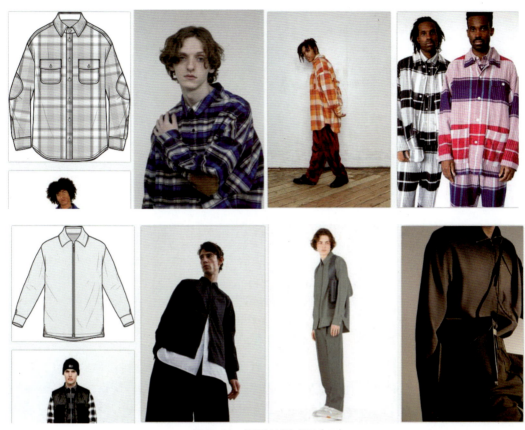

图5-14 休闲衬衫款式图（二）

1. 面料

休闲衬衫选用全棉、棉麻、全麻等天然纤维较多。为了加强休闲或柔软的感觉，可以对有些面料进行水洗处理；或者在面料里加入弹性纤维，如莱卡、氨纶，使面料有较好的弹性。在当下流行的中式男衬衫中，棉麻面料的应用非常广泛，如图5-15所示。休闲衬衫面料跨度很大，纱支也会有所不同，最常用的是图5-16所示的全棉色织布条纹格子面料。面料图案主要采用直条、格子、素色提花、素色或者印花等。

438 深墨蓝

图5-15 棉麻混纺类休闲衬衫

图 5-16 全棉色织布条纹格子面料休闲衬衫

2. 工艺

休闲衬衫的工艺没有正装衬衫那么复杂,无须对领子定型,领衬以薄的黏合衬或者水洗衬为主。休闲衬衫因设计范围非常宽泛,因此在工艺上,如绗缝、明辑线、拼接、绣花、印花等工艺都可以作为休闲衬衫常用的设计工艺元素。如图 5-17,印花和拼接工艺的休闲衬衫。

图 5-17 印花和拼接工艺的休闲衬衫

3. 细节

休闲衬衫的外形变化非常大,主要体现在面料花型、领型、袖克夫、肩部、胸部、门襟以及下摆的细节设计上。如立翻领、翻领的设计,同样是翻领,领面的大小是设计的重点,也是衬衫流行与否的关键部位。门襟的设计分为光边门襟、翻边门襟、暗门襟。下摆有圆摆、方摆或成克夫状,后背下部设计分为开衩或不开衩。如图 5-18 所示,不同款式的休闲衬衫。

图5-18 不同款式的休闲衬衫

一般情况下,男性穿着衬衫喜欢将衬衫下部束在裤腰里为了避免弯腰后束在裤腰里的衬衫露出来,因而会将衣长设计得较长。袖子的长度设计到虎口位置,一旦手臂弯曲,袖口的部分仍然在手腕处。时尚衬衫可以设计得比较修身,衣长较短,袖长较长,衬衫可外穿;有个性的衬衫,衣长较长,袖长也较长,衣服修身。大多数情况下,休闲衬衫的造型设计都是视品牌风格而定。

思考题
男装产品设计中内穿衬衫款式系列设计可以从哪些方面着手?

任务训练
1. 男装产品设计中内穿衬衫系列款式设计5款。
2. 男装产品设计中休闲外穿衬衫系列款式设计5款。

任务二 男西装系列设计实务

【学习内容】
男西装款式设计、男西装产品开发

【学习目的】
　　熟练掌握男西装的设计方法，通过男西装实例掌握男西装开发要点。

【学习要求】
　　掌握男西装的设计特点和不同类型、不同风格的男西装设计方法。

　　提及西装设计，往往给人以误解，似乎这个过于传统的服装类型并无多大的设计空间。而市场对于设计师天马行空的西装设计接受度不高，西装作为产品开发往往被误解为单调乏味，缺乏设计感。西装款式较为内敛含蓄，设计多体现在细节变化上，消费者也是从这些细节去认可，西装颠覆性设计概念并不多见。因此款式系列设计采用"细节扩展设计法"即以标准款式为基准，从细节着眼，对既定的元素做细节改变，进行拓展系列设计，这样的系列变化并不十分明显，但能突出典型特征，适合生活环境的要求。

一 男西装款式系列设计

　　首先，选择最常见的西服设计的基本款式。根据 TPO 原则分解西服套装的标准款式结构点为：①翻驳领；②单排两粒扣门襟；③圆摆；④双开线有口袋；⑤左胸有手巾袋；⑥三粒袖扣；⑦后背开衩，如图 5-19 所示。

图 5-19　标准西装款式细节结构点

　　根据某个局部细节结构点的"细节扩展设计"方法，西装的细节扩展设计不是单一改变某个局部细节结构点这么简单，而是"牵一发而动全身"的逻辑设计关系，比如我们把标准西装的两粒扣变成三粒扣西装或者一粒扣西装，门襟长度、腰围松量、翻驳领大小都应根据扣粒的多少，进行调整。如图 5-20 所示西装扣粒多少的变化图，扣粒多少的设计，可以塑造不同用途的西装，因此看似单调的男西装款式设计，蕴藏在"细节扩展设计"方法下的设计创新可以千变万化。这也是男西装魅力所在。

　　（1）领型扩展设计，西装常见的领型有平驳领和戗驳领；而两种领型反映出不同的西装气质，戗驳领的设计更适用于礼仪西装，平驳领的稳定和直角特点使其更适用于职业西装。

图 5-20　西装扣粒多少的变化图

西装的领型，可以说是西装最重要的设计点。在款式设计时，充分了解西装领型结构，通过翻驳领串口线，可以设计成扛领、垂领，通过改变驳领宽度可以得到宽驳领和窄驳领，如图 5-21；还有在休闲西装中常用的锐角领和折角领，如图 5-22。也可以通过取消串口线的结构而演变成学生校服西装的青果领，如图 5-23 所示。

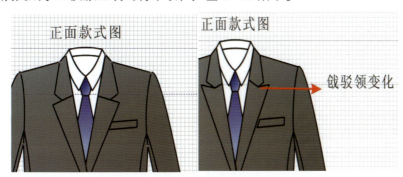

图 5-21　西装平驳领和戗驳领的变化图（一）

图 5-22　西装平驳领和戗驳领的变化图（二）

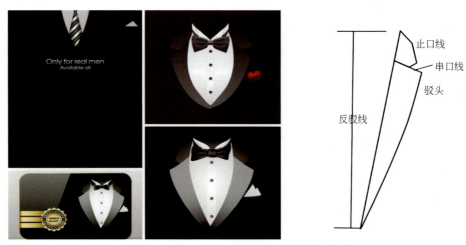

图 5-23 西装平驳领和戗驳领的变化图（三）

西装领型设计因穿着环境、时间、人物体型的具体需求而展开，如图 5-24 所示，胖体的人适合宽驳领结构，瘦体适合窄驳领，戗驳领在礼仪场合更显端正气质。平驳领的职业西装能够给人正直、诚信、一丝不苟的认真精神面貌。

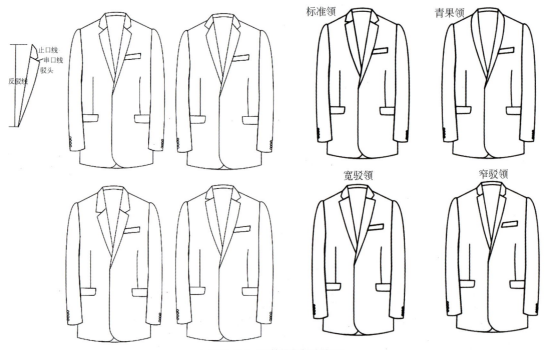

图 5-24 西装领型的变化图

（2）口袋结构的设计变化，常见西装有上小贴袋和下口袋的结构，标准西装的双开线口袋（一般不加小钱袋）或竞技夹克的斜口袋（可加小钱袋）。值得注意的是，不同口袋样式的使用都有社交学上的暗示，并不能随心所欲进行设计。如加小钱袋只能在右襟大袋上，有成为"精英人群"暗示；采用双开线口袋，因来源于塔士多礼服故有升级提示；采用斜口袋因取自竞技夹克西装，故有降级的提示，如图 5-25 所示。

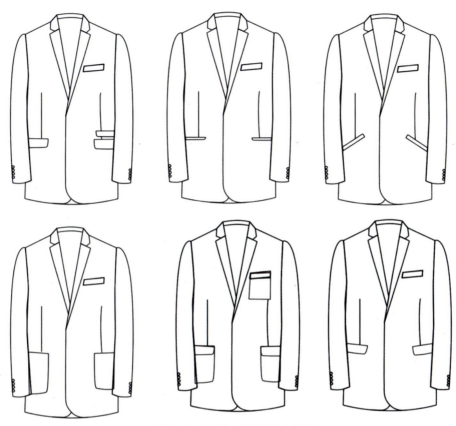

图 5-25　西装口袋的设计变化图

（3）多结构点组合变化设计，是将两个以上的结构点进行排列组合的系列设计，这是走向高级和成熟设计的有效训练。重要的是各结构点的匹配问题，比如领型与门襟长度的关系，扣粒数与门襟长度的关系，口袋与腰身结构的关系，结构点之间的合理协调是必需的，因为西服款系设计要符合设计主题要求。

西服套装的款式变化虽小，但变化规律明显，我们可以将上述西服套装款式系列设计视为一个坐标，对整个"西装系统"具有示范意义。这个系统有严格的级别界限，西服套装的中间位置，级别越高，限制越多，变化越少，程式化明显；级别越低，限制越少，变化空间越大。这需要设计师充分了解 TPO 知识与规则，掌握全局方向，使得款式系列设计有条不紊地进行。

二 成衣单品——西装设计实例

在今天的男装产品研发中，品牌男装公司对于每一季男西装的产品研发都是必需。在如今的市场环境下，西装可以分为定制类、快时尚类、时装类以及普货类。根据传统意义上的用途，通常分为礼服西装、职业西装、休闲西装等类型。因此作为男装设计师要明确西装产品的定位，根据品牌主题和营销定位设计开发相应产品。基于西装是通过"细节扩展系列设计"实现，但是款式相对其他品类较为恒定，因此当下的男西装产品的开发通常从面料、工艺等方面进行。

（一）礼服西服

礼服西装发展的两个关键节点：

① 西方工业革命：垄断时期。首先出现在西方第一次工业革命时期垄断企业家的行为变革中。如图5-26所示礼服西装的历史发展，从传统的礼仪燕尾服向新锐的资本企业主的职场干练形象转换的结果。

图5-26　礼服西装的历史发展（一）

从工艺美术形式上，从新古典主义时期（帝政时期）工艺美术转变到近代工艺美术（典型代表：包豪斯）的结果。

② 中国：18世纪末19世纪初。如图5-27所示，洋务运动时期西装传入中国后，西装被赋予了东方文化的色彩，但是时代的发展让两者趋于同步。中国人对西装的概念并不像西方那样的严谨、规范，能够满足穿着要求即可。在正规场合穿着的正装西服要搭配正装衬衫、领带或领结，在西服的细节设计里最好没有摆衩，袖纽扣为3、4粒包布扣。

图5-27　礼服西装的历史发展（二）

正式西服的设计变化不大，但在板型、细节、工艺上的要求很高，如西服的袖长要合身，不能太长，因为正式西服在穿着时，要露出2cm的衬衫袖子。

1. 面料

正式西服的面料主要采用高纱支和精纺的全毛面料、全羊绒面料、羊绒与羊毛混纺或者毛涤混纺面料。面料的图案大多为素色提花或条纹，颜色以深色为主，深色面料上的条纹色彩往往采用当季的流行色，如图5-28所示。通常每个西装面料公司都会提供一套面料样本册供设计师或者客户选择面料，俗称"面料色卡"。

图 5-28　西装面料色卡

2. 工艺

正式西服的工艺特别考究，用到各种辅料，包括全毛衬、半毛衬、胸衬、垫肩、弹袖条等，再加上归拔工艺的使用，使西服的胸部挺拔而富有弹性，领面平整、服帖，袖子与大身之间饱满，且能修饰男性体型上的一些缺陷，是男性着装效果最好的一种款式，如图5-29、图5-30所示。正式西服的工艺特点还体现在内部工艺的设计上，大挂面、小挂面、拼接挂面、拱针、嵌条等工艺设计完美地呈现出"细节中见真彰的男性"。

图 5-29　西装剖面图

图 5-30　西装工艺

3. 细节

正式西服在外形细节上的设计变化主要体现在领型，如平驳领、戗驳领、青果领等，领止口的高低、领面的宽窄、串口的高低和倾斜度、西服的修身程度，以及手巾袋、口袋、真假袖眼、双排扣单排扣等设计上，如图5-31所示。

图5-31 西装细节

在西服的设计中，胸袋的设计非常重要。因为胸袋在国外男士的着装搭配中起到画龙点睛的作用，往往在胸袋里装饰不同的胸花、手巾，如图5-32所示。

图5-32 欧美西装街拍（胸花）

（二）休闲西服

休闲西服概念相对非常丰富，将西服款式作为形式上的参考，在面料选择、工艺运用、廓形变化、细节设计上都可以进行大胆的创新和突破，如图5-33所示。

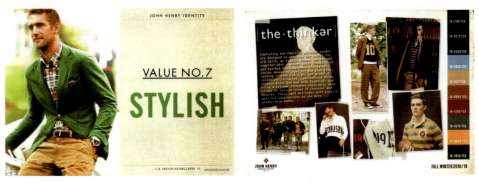

图5-33 JOHN HENRY 品牌西装单品开发主题

1. 面料

休闲西服的面料不再局限于粗纺羊毛面料和羊绒面料，越来越多地使用棉、麻、丝、混纺、化纤、皮革等多品种，颜色选择也是根据流行趋势呈现多样化，如图5-34所示。作为设计师在面料调研时，面对市场中千千万万的面料往往无从下手，作为男装产品设计师应该首先根据设计主题和产品定位确定面料范围，从而寻找稳定的面料供应商进行合作。

图5-34 休闲西服面料

2. 工艺

休闲西服的工艺设计比正装西服简便很多，除毛料之外，其他的如棉、麻、丝等面料无须归拔，通过拼接、包边、拱针、缉明线等多样的工艺手段就能进行设计上的变化，如图5-35所示。

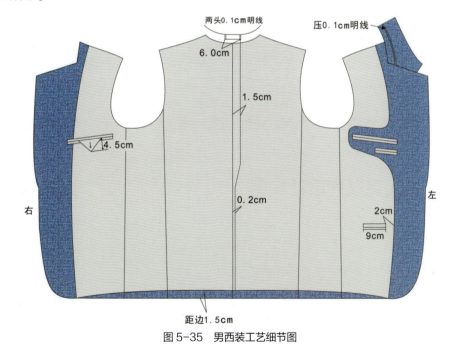

图5-35 男西装工艺细节图

3. 廓形

休闲西服的廓形相对于正装西服来说变化很多，比较丰富，如图5-36所示。

图5-36 男西装廓形细节图

4. 细节

休闲西服外部造型的细节设计比正装丰富很多，主要体现在领部、肩部、腰部、口袋、门襟、袖口以及胸部等部位的设计上，具体包括止口、串口的高低，领面的宽窄，西服背部不开衩、单开衩和摆衩的设计，袖口处真眼与假眼的设计，组扣的数量，腰部分割与否，缉线的粗细、色彩及工艺，里布的设计，不同面料的拼接以及针梭织拼接设计等。

西服主要的部位尺寸设计有胸围、中腰、下摆、肩宽、止口高、袖长、后中长等。西服的部位尺寸设计跟年龄有关：年轻的男性身材好，喜欢衣身短、袖子长的款式，有时尚感；对于年纪偏大的男性来说，腹部微微隆起，喜欢传统的衣身略长、袖长合适的西服款式。

思考题

男装产品设计中正式西装与休闲西装之间的区别？

任务训练

1. 根据TPO原则设计男装产品设计中正式西装系列款式10款。
2. 根据男装产品开发实例，设计休闲西装系列款式10款。

任务三　男夹克系列设计实务

【学习内容】

男外套夹克款式设计、男夹克产品开发

【学习目的】

熟练掌握男夹克的设计方法，通过男夹克实例掌握男夹克开发要点。

【学习要求】

掌握男夹克的设计特点和不同类型、不同风格的男夹克设计方法。

一 男夹克款式系列设计

夹克是英文 jacket 的译音。原意可译为：短外衣、外套。最早（14 世纪左右）是指身长到腰、长袖、开身或套头的外衣。但随着时代的发展变化，现在这个名词是泛指各种面料款式的，各种用途的短外衣、休闲外衣。在西方，一般把有前门、有袖子、衣长在臀围线上下的男女上衣统称为夹克。现代意义的夹克是指，区别于西装修身的肩部造型，利于上身更多活动的外套，如图 5-37 所示。

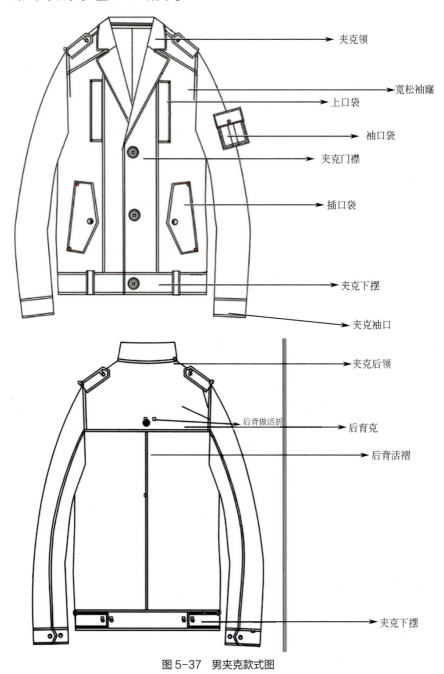

图 5-37 男夹克款式图

20世纪60、70年代在欧美作为社会精英人员的飞行员身穿飞行夹克，围着丝绸巾，足登飞行靴的装束成为当时的一种时尚，被各个阶层的人们所仿效。其中的艾森豪威尔夹克（Eisenhowcr jacket），因美国将军艾森豪威尔穿用而得名，其面料选用质地坚牢、耐磨的华达呢、斜纹布等，衣长至腰围，领型为翻领，前开襟用拉链，胸前有盖式和褶盒形特大贴袋，袖口为有扣袖头，服装具有良好的机能性，成为那个时代夹克流行的主要款式，如图5-38所示。

图5-38　飞行员夹克

二 男夹克系列设计实例

夹克自形成以来，款式演变可以说是千姿百态的，不同的时代，不同的政治、经济环境，不同的场合、人物、年龄、职业等对夹克的造型都有很大影响。在世界服装史上，夹克发展到现在，已形成了一个非常庞大的家族。如果把夹克从其使用功能上来分，大致可归纳为三类：工作服夹克、便装夹克、礼服夹克。在现代生活中，夹克轻便舒适的特点决定了它的生命力。随着现代科学技术的飞速发展，人们物质生活的不断提高，服装面料的日新月异，夹克必须将同其他类型的服装款式一样，以更加新颖的姿态活跃在世界各民族的服饰生活中。比如我国的劲霸、七匹狼、柒牌、九牧王等男装品牌中，夹克在其服装产业中占比较大的一块。

1. 面料

随着男性服装的时装化以及夹克被男性在越来越多的场合穿着，夹克设计也出现了多种变化。休闲类的夹克会给人简洁、精练的感觉，运动类的夹克给人柔软、率真、雄健的感觉。因此男装夹克的面料选择十分广泛，如图5-39所示。

2. 廓形

夹克在廓形上的设计主要是以宽松的廓形位置呈箱体状。夹克设计的关键是对廓形的把握和对内在结构的设计，针对宽松的夹克款式，服装的宽松程度不同，服装的视觉感则完全不同，较为合体的箱型夹克显得修长、利索，而宽大的廓形夹克则显得随意、洒脱。同一种廓形的内部结构线或者装饰线不同，也会产生不同的设计风格，如图5-40所示。

图 5-39　休闲夹克面料

图 5-40

图 5-40　休闲夹克的廓形设计

3. 细节

当下流行的男夹克中飞行员与军装元素的男夹克设计元素是最常用的设计元素。还有带有抽象图案印花或文字印花的设计元素、牛仔夹克元素、工装元素、机车或摇滚元素、棒球服运动元素、复古学院风元素等，如图 5-41 所示的休闲夹克设计案例。

图 5-41　休闲夹克设计案例

此外夹克的细节设计应考虑带有典型活动功能元素，收紧的下摆利于上身活动的灵活性，衣领利于颈部活动，斜插口袋利于手臂的放置。

（1）衣领设计。精致衣领的细节给经典外观带来新意，短夹克等经典廓形呈现出精致外观。如图5-42所示，当下流行的机车风格的衣领细节采用同色系叠搭处理，极简外观呈现在精致裁剪无领领口上，其V领及圆领设计为现代流行外形带来新意，而面料及整体设计增添了相应的趣味性。立领及漏斗形领口采用装饰性镶嵌设计打造。

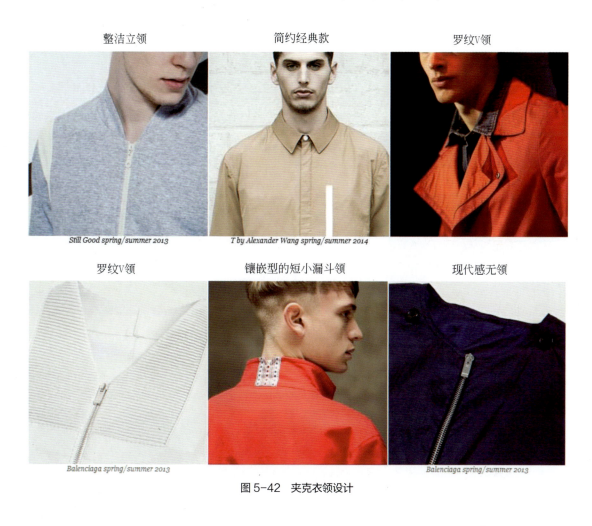

图5-42　夹克衣领设计

（2）口袋设计。如图所示5-43所示，简约口袋处理打造出精致感的廓形，而激光切割细节、突出的轮廓感拼接及整洁西装袋打造在半透明材质上，营造出线条分明的现代感外观。隐蔽防风雨前片门襟、整洁风琴袋及多样实用风拉链细节为口袋设计带来新意。

（3）拉链设计。如图5-44所示，拉链的运用带来功能性，同时充当细节突出领口设计。运用高黏度工艺特质，打造出亮点色彩；或打造的外露彩色拉链贴边呈现现代实用风外观。

（4）对比拼接设计。如图5-45所示，拼接是夹克最常用的设计方法，主要可以呈现色彩、面料及图案对比。拼接采用色彩拼接及对比混合面料拼接等，呈现出夹克设计的新颖感。

项目五　男装成衣单品系列设计

| 激光切割滚边口袋 | 显眼的轮廓感贴布设计 | 圆钉紧固件贴边 |

Balenciaga spring/summer 2013　　*T by Alexander Wang spring/summer 2014*　　*Rick Owens spring/summer 2013*

| 隐蔽式的袋盖 | 精致感的风琴口袋 | 多样实用风拉链 |

Smith Wykes spring/summer 2014

图 5-43　夹克口袋设计

| 装饰性的饰边 | 黏高黏度的模铸拉链设计 | 特色的拉链镶边 |

Tim Coppens spring/summer 2013　　*Stussy spring/summer 2013*　　*Surface To Air spring/summer 2014*

图 5-44　休闲夹克拉链的运用

图 5-45　夹克的对比拼接设计

思考题

男装产品设计中飞行员穿着的夹克的特点？

任务训练

以军装风格与飞行员元素结合，设计开发一个系列的男士夹克，款式设计 10 款。

要求：

1. 细致调研某个男装品牌，收集新品夹克款式服 10 款，对其进行设计分析；
2. 设计对象为：18～31 岁的中青年男性；
3. 款式图表达完整、色彩搭配合理，画面背景完整协调。

任务四　男大衣系列设计实务

【学习内容】

　　男大衣款式设计、男大衣产品开发

【学习目的】

　　熟练掌握男大衣的设计方法，通过男大衣实例掌握男大衣开发要点。

【学习要求】

　　掌握男大衣的设计特点和不同类型、不同风格男大衣的设计方法。

男装大衣概念较为广泛，通常是指穿着进行户外活动的外穿套装，其涵盖风衣、棉服、羽绒服、户外服等品类。如图5-46所示的男装大衣强调概念设计，这取决于它处在TPO非礼服级别，无太多礼仪限制，满足功能是它的基本需求。因此，男大衣款式系列设计采用"基本型发散设计"这种有效的方法。首先，选择一个基本款式作为基本型，将基本型中的各个元素深入分析，其次，设定一个系列的基本变化款并在这个基础上不断加入新元素，进行发散设计。在形成系列款式的一定规模后，保留好的部分去掉无关紧要的款式，由此及彼地衍生出其他系列，周而复始，不断形成质量更高的系列。

图5-46　男大衣系列设计

一　男大衣款式系列设计

男大衣属于外套类，因此廓形多采用箱体和T型廓形，男装大衣在男装产品中也会被划分到男装外套品类，但由于其相比于外套范围过大，因用途和消费者需求反应，基于其特定鲜明的设计，在此单列出来。男大衣在产品研发设计中，应用"基本型发散设计"方法，综合男大衣的宽大、外穿、防护等要求，可以基于最常见的男士风衣款式而进行。根据TPO原则，寻其历史沿革的特点，如图5-47所示我们可以从"柴斯特外套"和"巴尔玛肯外套"作为基本款进行拓展延伸。

柴斯特外套是具有X型有省结构的典型外套，理论上仍属于西装的结构系统，是西装主体结构的放大。标准柴斯特外套款式有四开身、六开身、加省六开身以及O板四种不同结构，款式变化较少。如图5-48所示，带有柴斯特外套特点的男大衣简单辨别就是其具有西装翻驳领的造型特点。

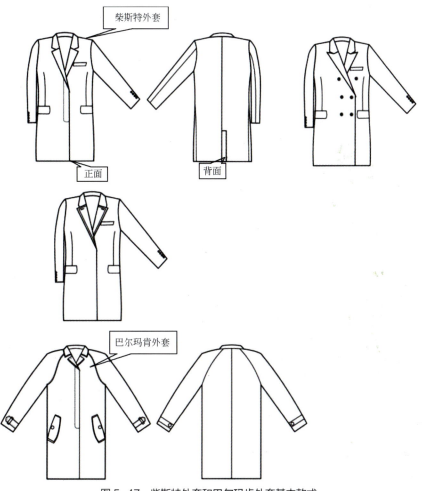

图 5-47 柴斯特外套和巴尔玛肯外套基本款式

图 5-48 带有柴斯特外套特点的男大衣

巴尔玛外套又称"万能外套",原来不过是雨衣,19世纪初在英国叫它两用领大衣。伦敦近郊巴尼斯小镇(Balmacaac)上的人自1850年以来喜欢穿着这种插肩袖雨衣,由两个词被简化到一起而得名Bal-collar。如图5-49所示,带有巴尔玛外套特点的男大衣具有防雨涂层的斜纹棉布、可关可敞的领型、暗门襟、加扣的斜插袋、插肩袖、领扣、袖袢、后开叉扣等元素,这些设计都和防风防雨有关。时至今日,这些元素的原始功用已不重要,而演化成为巴尔玛外套绅士语言的象征符号。

图5-49 带有巴尔玛外套特点的男大衣

户外服在男装中是最具功能性的非礼仪服装,常常用于劳作、旅游、体育运动等户外活动。随着工作和生活压力的增大,户外服造型随意、方便耐穿的特征越来越符合大众追求的务实精神,因此,它是男装中最有活力的品种。相对于华美的外观,户外服更加注重人性化的设计。追求功能语言是客观实在,而非符号性的。如图5-50所示,实用性和功能性是户外服设计的核心内容,设计中需考虑防水、防风、保暖、透气、耐磨等实际功效,任何没有实用的装饰都是不可取的,即使一个小的细节也不能给人矫揉造作的感觉。

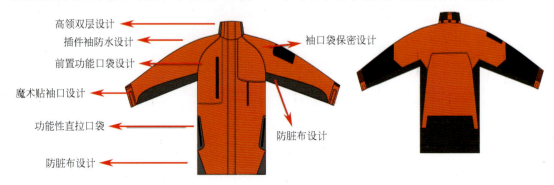

图5-50 男户外服

利用男大衣的款式和结构进行棉服和羽绒服的制作，是目前棉服和羽绒服设计的常用办法。其中羽绒服需要固绒处理，如图 5-51 所示，因此衣身上通常有不同的绗缝线。

图 5-51　男羽绒服

目前男大衣的产品研发主要围绕以上四个品类进行，通常我们把衣长过臀的男士外套归纳为男大衣类。因此我们在款式设计时，主要分为短款大衣、中长款大衣、长款大衣。短款大衣长度过臀，膝盖以上 14cm。中长款大衣一般到膝盖位置。长款大衣长度至脚踝以上 13cm。当然根据实际情况，尺寸会略有偏差，如图 5-52 所示男大衣长度范围。

图 5-52　男大衣长度范围

关于男大衣领型设计，男大衣常见领型以上文讲述的柴斯特大衣和巴尔玛大衣的领型最为常见，在当下非常丰富的产品款式中，如图 5-53 所示的立领、交领、夹克领等形式也是很常用的形式。

图 5-53 男大衣常见领型

关于男大衣袖型设计，如图 5-54 所示，主要以男风衣袖部造型为基础。常见有插肩袖、两片袖（西装袖）、夹克袖等形式。因男大衣外穿宽松要求，以插肩袖造型最为常见。如图 5-55 所示，袖口设计一般带有袖袢。

图 5-54 男大衣常见袖型（一）

图 5-55 男大衣常见袖型（二）

男大衣产品研发设计中应用"基本型发散设计"方法，根据设计主题，发散设计思维，让户外穿着的男大衣有着最大的设计可取范围。

二 男大衣系列设计实例

男大衣在产品研发中因受季节和市场销售范围等因素影响，根据男装产品企划每季推出的款式各个品牌公司都谨慎对待。男大衣一般不作为职业装采购，通常以休闲装产品推出。大衣是分层式搭配体系的外套，在不同温度环境下有较好的适应性。室外很冷，以长大衣外套挡风御寒，配西装三件套和围巾手套；休闲一点的穿法就内穿比较厚的、保暖性强的毛衣。室内温暖的地方可以脱下大衣穿西装、毛衣，暖气充足的话甚至只穿衬衫马甲，这是层叠穿法。

切斯特菲尔德大衣（Chesterfield Coat）是一种穿在西装外、最适合搭配套装的正装大衣。最早出现在十九世纪的英国，来历已经不可考证了，据说是由一位名叫切斯特菲尔德的公爵所穿而得名，最初的款式是领面拼接天鹅绒面料。如图 5-56 所示，切斯特菲尔德大衣最传统的特点是：流畅而明显的侧收腰，暗门襟、单排扣，上领部镶天鹅绒面料。如今的类似大衣在款式上有些变化，领子不一定拼接天鹅绒面料，而且暗门襟可能过于老气，所以很多现代款都改为明门襟了，但是流畅的修身线条、单排扣、平驳领这几个特点却是不变的。

图 5-56 切斯特菲尔德大衣

Polo Coat，音译为波鲁大衣，也叫马球大衣。原为马球手在等待上场时穿着的一种大衣，常为驼色羊绒面料制作，剪裁较宽松。如图 5-57 所示传统的波鲁大衣的款式特点是：驼色面料，双排扣、戗驳领，后腰有腰带设计，衣长很长，板型宽松不收腰。

图 5-57 波鲁大衣

现代款不一定遵循传统样式。因为一般用来搭配正式的套装，所以板型上变得修身。传统款原为运动外套，偏休闲风格，两侧口袋为明袋，现代款采用暗袋款式居多，更适合正式场合。

Pea Coat 是男士冬季所穿的一种双排扣毛呢大衣。Pea Coat 的起源与军队有关，据记载，这种大衣最早出现在 18 世纪初，当时英国皇家海军的船员们就是穿这种毛呢大衣，所以 Pea Coat 也俗称"海军呢大衣"。Pea Coat 有短款和中长款。1881 年开始，美国海军采用短款 Pea Coat 为标准制服，一直沿用至今。如图 5-58 所示现在大多数的 Pea Coat 都是短款。

图 5-58 Pea Coat

1. 面料

大衣的面料选择关乎大衣的档次与保暖性。常见的冬季大衣面料有羊毛、羊绒、混纺。"纯毛"面料指的是纯羊毛、纯羊绒面料。"纯毛"面料的特点是：大多质地较薄，光泽自然柔和，挺括有垂感，手感柔软；缺点是易虫蛀发霉。含毛量决定了面料的档次，常见的羊毛含量大约有30%、50%、70%、90%及以上。如果从档次角度考虑，最好选择100%天然毛绒。决定一件大衣是否保暖的一个指标就是，面料的克重。克重指的是每平方米面料的重量。一般面料上会标oz（盎司）或者g（克）。克重越高，面料会更加厚重紧致，面料就结实耐穿，同时更挺垂。冬季选择克重高的面料更保暖。如图5-59所示男士大衣常用面料。

图5-59　男士大衣常用面料

男大衣最主要的面料为羊毛，但是如今随着纺织行业的发展水平的不断提升，用于大衣的面料越来越广泛，不仅有棉、麻、丝、毛、皮革等天然纤维，还有TR化纤、醋酸以及合成皮革等，对于大衣的产品开发，面料选择主要根据企划方案和主题，在此不做赘述。

2. 工艺

在此谈男大衣的工艺，参考男西装工艺。但是需着重强调的是男大衣工艺最特别的是"做光"，如图5-60所示，这是一种工艺手法，因为男大衣宽松廓形较大以及外穿特点，往往采用普通制衣手法，面料挺括性不够，运用常规工艺手法制作会松垮，因此，在男大衣产品开发设计中，除棉服、羽绒服和运动户外服以外，应着重强调是否"做光"处理。

图5-60　男士大衣的工艺

3. 细节

男大衣细节设计最直接的表现为领部造型和纽扣的设计，双排扣与单排扣最为常见。男大衣受衣长的影响，纽扣设计的排列应根据衣长而定，通常过裆部以下不再设置纽扣。如图5-61所示，男士大衣纽扣设置。

图 5-61　男士大衣纽扣设置

男大衣细节还体现在腰身的造型，修身收腰造型与阔体宽松箱体腰身最为常见。男大衣的细节设计还包含口袋的设计，斜口袋和贴袋等造型也是男士大衣最为常用的。

思考题

男装产品设计中男大衣涵盖哪些具体品类，可根据季节、用途等因素进行思考？

任务训练

根据男装产品开发实例讲授内容，对秋冬季男大衣系列款式设计 10 款。

任务五　裤装系列设计实务

【学习内容】

　　男裤装的系列设计

【学习目的】

　　掌握男裤装的系列设计方法，能够绘制男裤装的款式图。

【学习要求】

　　1. 了解男裤装的设计方法和设计特点；
　　2. 根据 TPO（时间、环境、条件）原则进行裤装的系列设计，能够通过手绘或者计算机辅助软件，完整绘制男裤装基本款式，掌握基本款式的结构特点。

裤子泛指（人）穿在腰部以下的服装，一般由一个裤腰、前开口门襟、一个裤裆、两条裤腿组成。是男装中的一个大类，也是男子下装的固定形式。如图 5-62 所示。

裤子的种类繁多，从裤装的风格来划分，有西裤、休闲裤、牛仔裤和运动裤等。根据外轮廓的特点可分为萝卜裤、直筒裤和喇叭裤等。萝卜裤上裆长，臀部宽松，脚口较窄。直筒裤从腰围形成直线型，给人以健壮、挺拔、刚强而不失时尚之感，是目前男性裤装中运用最多的一种外轮廓造型。喇叭裤是臀部较紧、脚口呈喇叭型的设计，给人时尚、飘逸

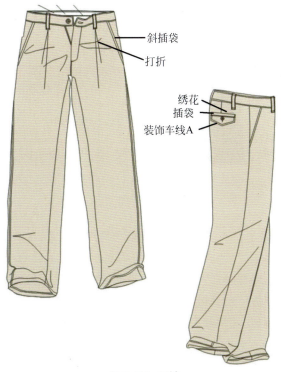

图 5-62　男裤

的美感，在年轻时尚而富有个性的牛仔裤设计中运用较多。裤子的外轮廓造型会随着时尚流行的变化而变化，带有明显的时代色彩和感情色彩。如图 5-63 所示的 19 世纪 70、80 年在男裤设计中流行的喇叭裤。

图 5-63　喇叭裤

一　裤装款式系列设计

人体腰、臀、腿部为多曲面的立体结构，而下肢又是人体运动最为频繁的部位之一，因此构成了裤子结构的复杂性，如图 5-64 所示裤装的款式设计主要由裤腰、横裆、裤型和裤长几个要素组成。

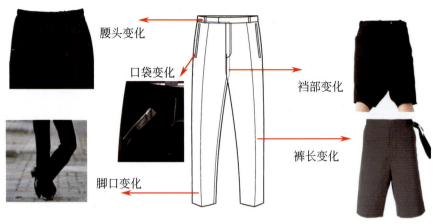

图 5-64 裤装款式设计变化

1. 裤腰设计

根据裤腰的高低可分为高腰裤、中腰裤和低腰裤，根据腰部的结构和工艺可分为普通裤腰、抽绳裤腰和松紧裤腰。上裆的长短是影响腰部和臀部造型的主要因素，如上裆短则是低腰裤，如图 5-65 所示，上裆长则是中腰裤或高腰裤，上裆超长则是这几年流行的哈伦裤，如图 5-66 所示。

图 5-65 低腰裤

图 5-66 哈伦裤

2. 裤型设计

横裆是裤子设计中比较关键的部位，横裆的宽窄以及脚口的尺寸直接影响裤子的造型设计。比如横裆和中裆都紧身，脚口宽大就成喇叭裤；而横裆和中裆都紧身，脚口较窄就成了小脚裤；横裆宽松、脚口较窄就成了萝卜裤。

前裆弧线和后裆弧线的尺寸是影响裤子的外形美观以及穿着舒适性的重要因素。一般情况下，如果前裆弧线和后裆弧线相差较大，则适合体型标准和瘦小的人穿着，着裤后臀部饱满，前腰围线往下，后线提起，与男性标准人体效果差不多，如果前裆弧线和后裆弧线相差不大，则适合中规中矩的男性以及肚子较大的男性穿着。

H型裤：从外观上看是顺着臀围线垂直下去，裤型给人的感觉像是H形，H型裤装显得正规、稳重。如图5-67所示。

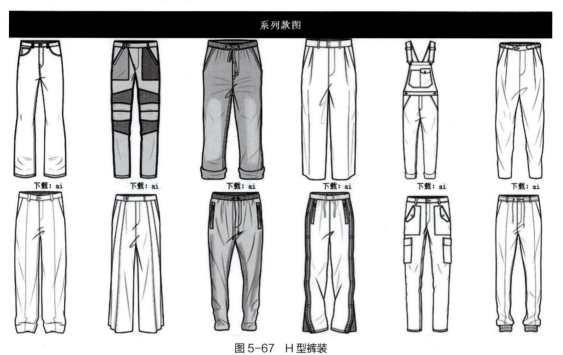

图5-67　H型裤装

小脚裤：小脚裤的板型从臀围以下往里收直到脚围，裤型特显修身紧身，适合有弹力的面料去做这样的款式，如图5-68所示，小脚裤的板型显得干练、灵活和性感，穿着后前凸后翘显身材。

图5-68　小脚裤

阔腿裤：阔腿裤显得阔气穿在身上显得有气质，阔腿裤在夏天穿更为凉快通风，就像电视里面的小沈阳穿跑偏的那条阔腿裤，如图5-69所示，一般的阔腿裤尺寸没有像小沈阳穿的阔腿裤的尺寸那么大，一般是在臀围的尺寸基础上再加放 10cm 左右。

图 5-69　阔腿裤

3. 裤长设计

除男士内衣以外，如图 5-70 所示，按裤装的长度可以分短裤、中短裤、中长裤、长裤。短裤长度至大腿中部；中短裤长度至膝关节下端；中长裤长度至小腿中部左右；长裤长度至脚踝骨。

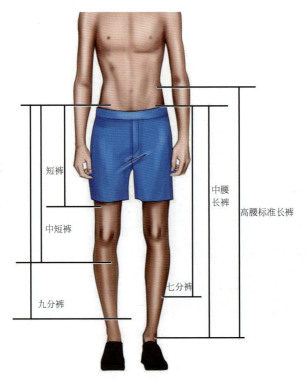

图 5-70　男裤长度示意图

二 裤装系列设计实例

（一）西裤

西裤主要指与西装上衣配套穿着的裤子。由于西裤主要在办公室及社交场合穿着，所以在要求舒适自然的前提下，如图 5-71 所示，在造型上比较注意与形体的协调。裁剪时放松量适中，给人以平和稳重的感觉。

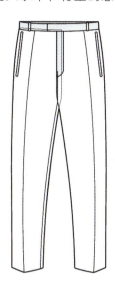

图 5-71　西裤

1. 面料

西裤的面料主要采用全毛（如图 5-72 所示）、毛涤（如图 5-73 所示）和全涤等悬垂性较好、挺括的面料，和正装西服的面料一样，目前市场越来越多采用聚酯纤维化纤面料，容易定型，不起皱，免熨烫，但是最规范的还是采用全毛面料制作正装西裤或者礼服西裤。

图 5-72　全毛面料　　　　　　　图 5-73　毛涤面料

2. 工艺

西裤工艺要求板型美观，做工精致。主要有腰里、里襟、裤里等工艺运用，如图 5-74 所示，腰里设计目前多采用贴布腰里（有专做腰里的公司），脚绸的工艺设计可以加强裤子的悬垂性。

3. 廓形与细节

西裤的廓形根据品牌设计的风格而定，如有的品牌的西裤廓形是小的直筒裤，臀部饱满，腿形细长。常规的西裤裤腿比较肥大，如图 5-75 所示。西裤的细节设计主要在腰部以及脚口部分，包括低腰和中腰的设计、大门襟和小门襟的设计等。

图 5-74　西裤腰里工艺

图 5-75　常规西裤

（二）休闲裤

与正装裤相对而言，休闲裤就是穿起来显得比较休闲随意的裤子。广义的休闲裤，包含了一切非正式商务、政务、公务场合穿着的裤子。现实生活中主要是指以西裤为模板，在面料、板型方面比西裤随意和舒适，颜色则更加丰富多彩的裤子如图 5-76 所示。

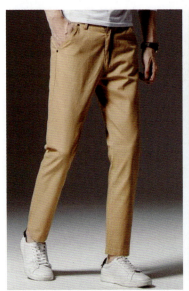

图 5-76　休闲裤

1. 面料

休闲裤的面料主要用全棉梭织面料。由于面料的织法不同，会形成不同的外观特征。如图 5-77 所示，近几年流行一种天丝棉的面料，比全棉面料更加柔软、滑爽，是春夏季消费者比较喜欢的面料。当然，随着正装化趋势的再次流行，全毛、毛涤混纺、涤纶等面料也在休闲裤中流行起来。另外，运动风格的流行，使得运动元素在休闲裤设计中也被运用，如针织棉在休闲裤的设计中也被使用得越来越多。根据不同的设计风格，也会选择不同图案的面料进行裤装设计，如沙滩裤会选用花色面料来制作，体现一种休闲、轻松、拥抱大自然的感觉，如图 5-78 所示。条纹面料、格子面料、艳色面料成为主要的设计关键元素。

图 5-77　天丝棉面料

图 5-78　花色面料

当然，休闲裤可应用的面料种类众多，比如丹宁面料的牛仔裤就是男裤中非常常见的。还有灯芯绒面料、斜纹面料、毛呢面料等。

2. 工艺

休闲裤的工艺设计没有西裤复杂，主要体现在板型设计、多口袋以及细节设计的工艺处理上。如图 5-79 所示，多口袋且带有运动元素的窄脚裤是时下年轻人的最爱。

图 5-79 休闲裤工艺设计

3. 廓形与细节

休闲裤的廓形与裤长、臀围和横裆有关。以腰部的高低来分,有高腰裤、中腰裤以及低腰裤。不同年龄男性对腰头的要求不同,大多数男性比较喜欢低腰裤,这是根据男性穿着裤子的习惯得知男性腰头会束在高过胯部上面一点的位置,也是低腰的部分。根据裤子横裆的宽窄来划分,裤子可以分为铅笔裤、直筒裤、喇叭裤、萝卜裤等,如图 5-80 所示。

图 5-80 萝卜裤

休闲裤的细节设计非常丰富,包括多口袋、抽绳、拉链、松筋、腰部、装饰等细部设计,如图 5-81。

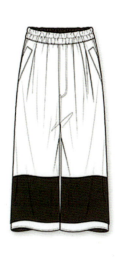

图5-81 休闲裤细节设计

思考题

男装产品设计中,男裤可以从哪些结构去考虑款式的设计变化?

任务训练

根据男装产品开发实例讲授内容,进行裤装款式系列设计10款。

参考文献
REFERENCES

[1] 张剑锋. 男装产品开发. 第2版. 北京：中国纺织出版社，2015.

[2] 吕学海. 服装系统设计方法论研究. 北京：清华大学出版社，2016.

[3] 李慧. 服装设计思维与创意. 北京：中国纺织出版社，2018.

[4] 刘瑞璞，常卫民，王永刚. 国际化职业装设计与实务. 北京：中国纺织出版社，2010.

[5] 朱震亚，冯莉，朱博伟. 男装实用制版技术. 北京：中国纺织出版社，2015.

[6] 刘瑞璞，薛艳慧. 绅士衬衫上：衬衫定制社交与实务. 北京：中国纺织出版社，2017.

[7] 罗伯特·利奇. 男装设计：灵感·调研·应用. 北京：中国纺织出版社，2017.

[8] 井口喜正. 日本经典男西服实用技术：制板·工艺. 王璐，常卫民，译. 北京：中国纺织出版社，2016.

[9] 乔希·西姆斯. 男装经典：52件凝固时间的魅力单品. 曹帅，译. 北京：中国青年出版社，2014.

[10] 贾秀清，栗文清，姜娟. 重构美学：数字媒体艺术本性. 北京：中国广播电视出版社，2006.

[11] 刘晓刚. 服装设计3：男装设计. 上海：东华大学出版社，2008.

[12] 刘晓刚. 服装设计5：专项服装设计. 上海：东华大学出版社，2008.

[13] 张正学. 职业装设计与制作800例. 北京：中国纺织出版社，2000.

[14] 周建，于芳. 现代图案设计与应用. 北京：中国轻工业出版社，2005.

[15] 朱文. 男装设计与制作800例. 北京：中国纺织出版社，2000.

[16] 杨旭，刘艳斌. 男装设计与制作. 北京：化学工业出版社，2017.

[17] 周文杰. 男装设计艺术. 北京：化学工业出版社，2013.

[18] MCOO时尚视觉研究中心. 流行时装设计手册：男装设计. 北京：人民邮电出版社，2011.

[19] 胡蕾，胡迅. 男装设计初步. 杭州：浙江人民美术出版社，2000.

[20] 刘瑞璞. 男装纸样设计原理与应用. 北京：中国纺织出版社，2017.

[21] 金明玉，金仁珠. 男装结构与纸样设计：从经典到时尚. 高秀明，译. 上海：东华大学出版社，2015.

[22] 潘力. 男装成衣生产流程设计. 沈阳：辽宁科学技术出版社，2012.

[23] 周启凤，马达礼，尤志华. 品牌前线：男装、制服设计. 北京：清华大学出版社，2006.